はじめに

「私はひとり暮らしの方や共働き家庭の方が犬を飼うことに賛成していません」

こんなことを言うと実際に飼っている方から猛反論されそうです。しかし犬の習性を考えると、やはりひとり暮らしや共働き家庭で犬を飼うことは難しいことなのです。犬はオオカミを祖先にもち、もともとは群れ社会の中で生きていた動物です。そして注目すべきは育児方法。野生の母オオカミは子育ての時期、自分以外のメス2頭にベビーシッター役を頼みます。合計3頭のメスが子のお守りをし、24時間、子どもが決して独りきりにならないような体制を整えるのです。

ひとり暮らしや共働き家庭では、子犬の時期もそれ以降も何時間にもわたって家で独りで留守番させることが、どうしても多くなりがちです。犬の習性から考えても、これはストレスフリーとは言いがたい状態です。そして、犬のイタズラに頭を悩ませている留守がちの飼い主も多いと思いますが、問題行動の多くは、犬が長時間独りぼっちになることによるストレスが原因となっているのです。

最近はチワワやミニチュア・ダックスフンド、トイ・プードルといった小型犬の人気が高まっています。アパートやマンションに住むひとり暮らしの方や共働き家庭の方が犬を飼おうとする場合、小型犬を選ぶ傾向にあり、そういった環境的要因も小型犬人気に拍車を掛けているようです。

確かにそれほど広くない家で犬を飼うには、大型犬より小型犬が適していると思います。しかし中には、「小さいから飼いやすそう」といった理由や、「小さいから散歩をさせないでも大丈夫ですよ」というペットショップのセールストークを鵜呑みにして、小型犬を選ぶ人もいるようです。

小さくてかわいい犬でも、しつけ方を間違えると部屋の中を散らかしてしまいますし、ムダ吠え、かみつきなどの問題行動にも出ます。小さいから扱いやすいなんていう考え方は、犬には通用しないのです。

また、「はやっているからこの犬種にしよう」という考え方も危険でしょう。例えばコーギー。この犬種は「かみついて困る」という相談をよく受けます。しかしこの犬の歴史を見ていくと、納得できる面もあるのです。コーギーはもともと放牧されている牛や羊が群れから外れてどこかに行こうとした際に、その足にかみつき、群れへ戻すといった仕事をしていました。そういった背景があるので、しつけをきちんと行わないと、かみ癖のある犬へと育ってしまう可能性が高い犬種なのです。犬を選んだり、しつけを行う際のポイントを導くには、犬種の性格、特質を把握する必要があるのです。

飼い主は犬を飼う上でさまざまなことを知っておかなければなりません。特に常日ごろ、犬を長時間独りぼっちにさせざる得ない環境にある方は、より強く飼い主としての責任と自覚を持つことが必要です。犬が頼れるのはあなたしかいないのですから。

「私はひとり暮らしの方や共働き家庭の方が犬を飼うことに賛成していません」と言っても、すでにひとり暮らしや共働き家庭でも、犬を飼っている方は大勢います。また、実際に犬とのよい関係を築いている飼い主もたくさんいます。

この本では、これをお読みになるすべての方が愛犬といい関係を築いていけるように、その方法を詳しく解説していきます。そして、愛犬との生活が少しでも幸せに送れるよう、お手伝いができればと思っています。

2005年9月

藤井　聡

カリスマ訓練士・藤井 聡の
ひとり暮らし＆共働き家庭の犬が
みるみるうちに留守番上手になる
魔法の法則

もくじ

もくじ

魔法の法則 第1章

すべてはここから始まる！ まずはしつけの基本を理解しよう

魔法の法則 第2章

37 飼い主の帰りを静かに待てる犬は暮らす環境からして違う！

魔法の法則 第3章

61 子犬の時期はしつけをするまたとないチャンス！

魔法の法則 第7章

誰も教えてくれない 突然の外泊と長期出張・長期旅行の対処

あとがきにかえて

藤井流しつけ法を実践 みるみるうちにうちの子がいい子に しつけビフォー&アフター

魔法の法則
第1章

すべてはここから始まる!
まずはしつけの基本を理解しよう

犬という生き物を理解することがしつけ成功への近道に

犬の起源はなんと約1万5000年前にまでさかのぼります。東アジアで家畜化されたオオカミが祖先で、日本では約8000年前の縄文時代に犬が姿を現します。当時から狩猟犬や番犬として人間とともに暮らしていたようです。それというのも、発掘調査によると、犬の骨は人骨とともに発見される場合が多く、今で言うゴミ捨て場であった貝塚からは発見されたという報告はないのです。つまり、犬は縄文時代から人間のパートナーとして大切に扱われ、人間と密接な関係にあったと言えます。

ところで、この本をお読みのみなさんは「犬の祖先であるオオカミに最も近い犬種は何か」と質問されたら、どう答えますか？　精かんな顔立ちのシェパードなどの犬種を思い浮かべるのではないでしょうか。答えは意外や意外、実は日本犬が一番オオカミに近い存在なのです。日本犬がシェパードよりオオカミに近い存在だなんて、不思議に思うかもしれません。しかし天然記念物に指定されている北海道犬は、ヒグマにも立ち向かっていく非常に勇敢な犬種です。四国犬や紀州犬もイノシシやシカなどを追いかける猟犬。そんな闘争心を持つのも、「プリミティブタイプ」というオオカミに近い原始的な犬種だからなのでしょう。最もポピュラーな日本犬である柴犬も、体は大きくありませんがこのプリミティブタイプに分類されます。

私たち人類と太古より生活をともにしている犬たち。しかし、最近の飼い主を見ていると、犬の習性を理解していないがため

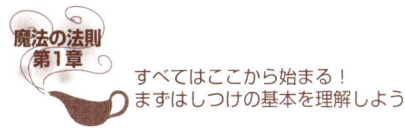

に、間違った接し方をしているケースが多々あります。飼い主と犬との正しい関係を築くためにも、犬の習性を理解しておく必要があるでしょう。

まず犬は、群れで生活する生き物です。そしてその群れは完全な縦型の社会。順位は力の強弱で決まり、同等の地位はありません。きょうだいでさえ明確な上下関係が築かれています。みなさんも、子犬がきょうだい同士でじゃれ合っている姿を見かけたことがあるでしょう。それは単に遊んでいるのではなく、実は互いの力関係を探り、順位付けをしようとしているのです。

次に知っておきたいのが犬の住環境。野生の犬は外敵の侵入を防げる小さな横穴式の巣で暮らし、排泄《はいせつ》は巣からできるだけ離れた場所で行います。巣の中で排泄をしてしまうことは感染症の問題が発生するだけでなく、そのにおいから敵に巣の場所をかぎつけられてしまうからです。人に飼われる犬も、野性の犬と基本的な習性は変わりません。だからこそ飼い主は、犬が快適に暮らすために、野生の犬同様の環境を用意してあげる必要があるのです。また、きちんと犬の習性を理解していなければ、間違ったしつけをしてしまうことでしょう。あなたの犬が従順でりこうな犬になるかどうかは、実は飼い主自身の知識や接し方が大きく関係しているのです。

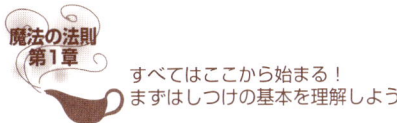

すべてのしつけの基本は飼い主と犬との主従関係にあり

「犬がワンワン吠えてエサの時間を知らせてくれるの」、「うちの犬なんて散歩の時間になると吠えて教えてくれるのよ」と目を細めながら言っていませんか？　こんな犬の態度を自慢するのは大間違い。それどころか「うちの犬、おりこうでしょ？」と悠長《ゆうちょう》なことを言っていられる状況ではないのです。こういった犬たちは、飼い主との間に正しい主従関係が築けていません。間違いなく、自分が飼い主より上の地位にいると認識しているのです。

犬は縦社会に生きる動物です。ですから、人に飼われている犬は家庭が群れになり、その中で密かに順位付けをしています。もし犬が飼い主に対して「おれはお前より偉いんだぞ」と感じていたらどうなるでしょうか。犬社会では、上位の者は下位の者の命令には絶対に従いません。つまり、飼い主の命令に従わなくなってしまうのです。服従しないばかりか、「早くエサを出せ！」、「早く散歩に連れて行け！」とうるさく吠えて催促するようになるのです。

今と昔を比較すると、人と犬との関係は変化して、以前より密接になってきていると言えます。犬を擬人化し、わが子のようにかわいがる飼い主も多いことでしょう。しかし飼い主が犬に依存すると、犬はどんどん増長し、ボス的な存在へと成り上がってしまいます。また、良かれと思って飼い主がいろいろと世話をするその様は、犬の目には「従属者がボスに対して尽くしている」と映ってしまうのです。わがまま放題な犬の要望に応えてしまうと、犬はますます横暴になり、飼い主は犬に使われてしまうことになります。時間に都合がつかないひとり暮らしや共働き家庭の場合、エサの時間や散歩の時間が決まってしまうと大変です。犬に振り回される生活はかなりの負担となるでしょう。

犬がおりこうになるかどうかのポイントは、飼い主が犬にボスとして認識されているかという点にあります。そのためには犬を擬人化せず、きちんと主従関係が築くことが必要です。すべてのしつけの原点は主従関係にあるのですから。

「しつけ」と「訓練」はまったく別もの なにが違う？　どこが違う？

私の訓練所に「うちの犬をしつけて欲しいのです」と犬を連れてくる方がいます。でもこれは無理な注文。私たち訓練士は犬の訓練はできます。しかし犬のしつけは、飼い主本人が行わないといけないのです。

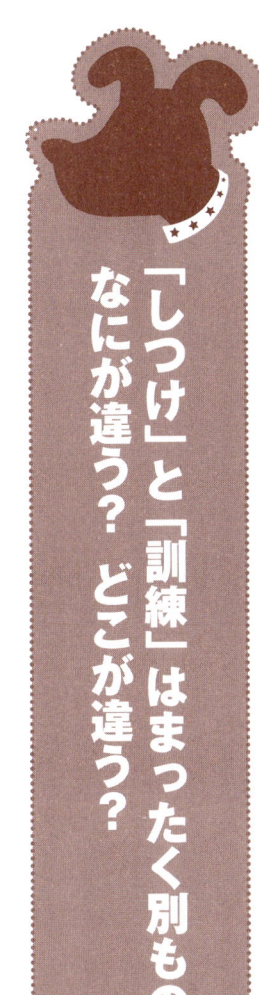

では、「しつけと訓練って同じじゃないの？」と混乱してきた方のために、しつけと訓練の違いをお話ししましょう。

しつけとは、指示や命令なしに犬が飼い主に対して従属的な行動を取るためのもの。つまりは、主従関係の構築を目的としたものなのです。一方訓練とは、指示や命令通りに犬が従うことを目的としたものです。犬は上位の者に従うのが鉄則。その逆は絶対にありません。ですから訓練をスムーズに行うためには、まずはしつけによって主従関係をしっかりと築いておく必要があるのです。訓練を「家」と例えるならば、しつけは家がしっかりと建つための「土台」、といったところでしょうか。

仮に、犬を訓練所に預けて訓練士がしつけを行ったとします。飼い主は訓練士の命令に自分の犬が素直に従う姿を見て、「こんなにおりこうになって‼」と感激することでしょう。しかしこの段階では訓練士と犬の主従関係が築けただけで、飼い主と犬の関係に何ら変化はありません。家に連れて帰っても、飼い主の命令を聞かないわがままな犬のままなのです。犬にしつけをしたいなら、飼い主も犬と一緒に訓練士の指導を受ける必要があります。

また、家庭で犬に従属的な教育、つまりしつけを行うためには、3つの基本方法があります。

①リーダーウォーク（Leader Walk）：主導的歩行法
②ホールドスティール（Hold Steel）：拘束静止法
③タッチング（Touching）：体端部接触馴致脱感作法

どれも飼い主が犬より上位であるとわからせるために有効な手法です。詳しくは30ページからはじまるコラムでご紹介しますので、そちらを参考にしてください。

犬の行動でわかる飼い主との力関係とは？

散歩に行けば飼い主をグングンと引っ張ってしまい、ときには飼い主をかんでしまうような問題犬がいたとします。みなさんは、この犬がこんなにも横暴になってしまった原因はどこにあると思いますか？　答えは、「100％飼い主」にあります。

犬には権勢本能と服従本能があります。権勢本能とは文字通り権力と勢力を誇示し、ボス的に振舞おうとする本能。この権勢本能と服従本能は相関関係にあって、権勢本能がアップすればするほど、服従本能はしぼんでいきます。またその逆もしかりです。

飼い主の命令をきかない犬は権勢本能の強い犬。飼い主がしつけをきちんと行わなかったために、権勢本能が増大してしまったのです。散歩中に飼い主を引っ張る、飼い主をかむといった行動は、権勢本能が発達することによって起こります。

さて、あなたの犬の権勢本能はどうでしょうか？　権勢本能の目安となるのがマーキングです。散歩中、高く足を上げてマーキングする犬を見かけたことがあるでしょう。権勢本能の強い犬ほど、足を高く上げて高い位置にマーキングしようとします。私のもとに来た犬の中には、なんと飼い主の足にマーキングをした犬がいました。それは、完全に飼い主を見下しているという意味になります。

マーキングを放置すると権勢本能は高まるばかり。飼い主の「賢い犬になって欲しい」という願いも虚《むな》しく、わがまま放題な犬へとなってしまうことでしょう。またこれは、犬の寿命にも影響する大きな問題だということを知っておいてください。権勢本能が高まるにつれて犬の神経は研ぎ澄まされ、常にピリピリと緊張しているようになります。つまりストレスを強く感じる状態なのです。ストレス過多は短命へとつながります。逆に、服従本能はストレスゼロの本能。こちらを高めることで、犬は長生きすることができるのです。

何が問題行動かということをきちんと見極め、正しく対処をすることで犬はどんどん賢くなっていきます。犬がりこうになるかどうかは、飼い主のあなたにかかっているのです。

ひとり暮らし、共働き家庭に向いている犬種とは？

日本人やアメリカ人、フランス人…と言ったように、私たち人間も国籍によってキャラクターは異なります。それは犬も同様。犬種によって性格が違うのです。犬を選ぶ際は、まずは愛玩用なのか、それとも用心棒として飼いたいのか、一緒にスポーツができるパートナーを求めているのか…といった具合に、犬とどうしたいのか、どういう暮らしをしたいのかを考えてみましょう。

ひとり暮らしや共働き家庭の場合、「おとなしくお留守番できるような犬が欲しい」との声が最も多いのではないでしょうか。私がそういった方々におすすめしているのがシー・ズーです。シー・ズーは性格的におっとりとしているのでムダ吠えが少ないのが特徴です。訓練性能が抜群にいいというわけではありませんが、愛玩犬には適しています。さらにプードルも服従性、訓練性が高く、飼いやすい犬種です。両犬種ともに、飼いやすさは満点の五ツ星です。

最近人気のチワワやミニチュア・ダックスフンドは、非常に明るい性格と内向的で神経質な性格に分かれるため、飼い方次第で変わってくると言えるでしょう。明るい性格の犬はかわいいからとベタベタ接しすぎると権勢本能が高まり、わがままになってしまいます。内向的な場合は子犬の時期のうちにほかの犬や家族以外の人、車、電車などにしっかりと慣れさせておかないと、成犬になってからそれらに拒絶反応を示してしまう場合があります。しかし、飼い主がしっかりとしつけ法を理解していれば、どちらの性格の犬でも問題はありません。飼いやすさは四ツ星です。

ほかに四ツ星の犬種は、マルチーズやパピヨン、フレンチ・ブルドッグ、キャバリア、パグが挙げられます。マルチーズはおおらかな性格です。さらに服従性もあります。パピヨンやフレンチ・ブルドッグは飼いやすくはありますが、活発な犬なので年配の方だと持て余してしまうかもしれません。活動的な若い方におすすめです。また、キャバリアやパグもおっとりとした性格で、あまり吠えません。年配の方も無理なく飼える犬種でしょう。

飼いやすさ五ツ星は
シー・ズー、プードル
四ツ星は
マルチーズ、パピヨン、
フレンチ・ブルドッグ、
キャバリア、パグ

ウェルシュ・コーギーも人気の犬種です。コーギーはもともと放牧している牛や羊が群れから外れてしまった際に、足をかんで群れに連れ戻す仕事をしていた犬です。そのためか、私のところにはかみ癖があって連れてこられるコーギーが少なくありません。しかし服従性はあるので、しつけさえできれば従順な犬になります。ポメラニアンは性格的に神経質な面があるので、コーギーとともに飼いやすさは三ツ星です。

大切なのはどの犬種にするかを決める際に、犬種ごとの歴史に目を向けることです。その犬がいったいどういった用途で飼われていたかということがわかれば、特性もおのずと見えてきます。

日本とこんなに違う！ヨーロッパのペット事情

以前、私がベルギーの競技会を訪れた際、驚くべきシーンに出くわしました。12、13歳の女の子が生後50日くらいの子犬と一緒に競技会を見物していたのですが、少女が「アフ（ベルギー語でフセの意味）」としきりに命令していたのです。子犬は最初のうちは少女の命令に従っていたのですが、とうとう立ち上がって動き出し始めました。そのたびに少女は「アフ」と命令していたのですが、そんなことを繰り返しているうちに少女はなんと子犬をドスンと仰向けにして、そけい部（股の付け根、内側の部分）を全開にしながら下アゴを押さえ込んだのです。

これは母犬が行う子犬のしつけ法と同様のもの。そけい部は犬にとって最大の弱点です。これを見せることは服従を意味します。

そして下アゴを押さえるといった行為も非常に重要です。下アゴを押さえ込むことで犬は口の自由がきかなくなるので、かみつくこともなくなります。少女はこうすることで、母犬に代わってそれまでの子犬の行動が「悪いこと」と教えたのです。

ヨーロッパには私の知る限り、しつけ教室はありません。トレーナーもプロと言えるのは、私の知る限りでは1人しかいません。その理由は、ヨーロッパの人々は人と犬との正しい関係の作り方を知っていて、その方法をしっかりと受け継いでいるからです。前述の少女でさえ、犬との正しいコミュニケーション方法を知っていて、主従関係をきちんと築いています。

日本には、「まだ子犬だからきつくしつけるのはかわいそう…」とついつい犬を甘やかせてしまう飼い主が多くいます。しかしこれは大きな間違い。犬を擬人化して考えてはいけません。子犬であろうが成犬であろうが、飼い主は犬に対して毅然《きぜん》とした態度でYESとNOを示し、常にボスでなくてはいけないのです。ヨーロッパに比べると日本の飼い主は、犬に対する意識レベルがまだまだ低いといえます。私は、この本を読むことによって、飼い主のみなさんの犬に対する意識が高まることを心から祈っています。

短時間で愛犬がいい子に！驚異のしつけ法『リーダーウォーク』

飼い主に従属的な犬にしつけるために、3つの基本方法があります。まず1つ目が「リーダーウォーク（Leader Walk）」と言われるもの。これは飼い主がリーダーシップをとって主導する歩行法です。

散歩中、飼い主が犬に引っ張られているシーンをよく見かけます。これは飼い主と犬との間に主従関係が築けていない証拠です。そしてこういった問題行動は、飼い主の身にも危険を及ぼします。年配の方は特に注意が必要です。小型犬だからと安心していたら、予想以上の力で引っ張られて転倒してしまったという話も耳にします。しかしリーダーウォークを行うことによって短時間で犬は人に従うようになり、今まで以上に生活も、散歩の時間も楽しめるようになることでしょう。

リーダーウォークのポイントは、犬と視線を合わさずに行うことです。話しかけるのもNG。「そっちに行っちゃダメッ!!」や「言うことを聞きなさい！」と言ってにらみつけても、犬には何の効果もありません。かえって犬の頭の中を混乱させてしまいます。犬に何かを自覚させるときは、飼い主が感情移入してはいけません。リーダーウォークは完全無視の状態ですることに意味があるのです。

次のポイントは、リードの状態。ピンと張っておくのではなく、ある程度緩めた状態にしておきましょう。しかしいつも自分勝手に散歩をしている犬なら、すぐに人の前に出ようとします。そうなったら犬に引っ張られるのではなく、あえて犬とは逆の方向に歩きましょう。この瞬間にリードがピンと張り、犬は首の辺りに不快感を覚えます。再び犬が人の前に出ようとしたら、先ほどと同じように逆方向に進みましょう。犬は何度か首に不快感を覚えていくうちに学習するのです。「自分の好きな方向に進もうとすると、何だか首のあたりに不快な感じがするな。ちゃんと人について歩いた方がいいのかもしれない」と。

この方法は特定の人物だけで行うのではなく、ほかの家族や友人など、さまざまな人で試すと効果的です。

リーダーウォーク

あえて犬とは
逆方向に歩く
リードは常に
緩めた状態に
犬とは視線を合
わせないこと
犬が前に出よう
としたら…
再び犬が前に出ようとしたら、
すかさず逆方向に歩く
ほかの家族や友人にも
試してもらうと効果的！

暴れて騒ぐ犬が一瞬で静かになる『ホールドスティール』

外出中にほかの犬や猫を見て大暴れをしたり、遊び終わってもハイテンション状態が続いたりしたことはありませんか？　早く静かになって欲しいけれど、どうしたらいいのかわからないという飼い主が大半だと思います。そんなときに有効なのがしつけ3大基本方法の2つ目、犬を落ち着かせる魔法「ホールドスティール（Hold Steel）」です。

これもリーダーウォーク同様、方法さえ間違わなければいたって簡単。まず自分の股の間に犬を挟み、犬の背中側から抱きしめます。犬が暴れるようなら無言でさらに力強く抱きしめ、密着度を高めます。その際、飼い主は、両膝を地面につけて姿勢を安定させましょう。たったこれだけです。ホールドスティールとは訳すると拘束静止法。テンションが異常に高まってしまった犬をクールダウンさせる手法なのです。

しかし慣れていない犬の場合は、いきなりホールドスティールをしても頑《かたく》なに拒むかもしれません。静かにさせたいときの有効手段になるように、可能ならば、子犬の時期からホールドスティールを体験させておく必要があります。また、犬がホールドスティールに慣れてくれない場合やすでに成犬の場合、はじめのうちは2人1組で取り組んでみましょう。

犬を座らせ、1人は犬の正面に、もう1人は犬の後ろ側に座ります。正面に座っている人が犬にエサをやり、その間にもう1人が犬を抱きかかえます。しかし頑固な犬だと、まだ抵抗するかもしれません。そんなときは、「マズルコントロール」を。このワザもお教えしましょう。

マズルコントロールとは、飼い主が犬の下あごを持ち、上下左右自由に動かすことです。ホールドスティールをしたままマズルコントロールをすると、犬の自由はますます奪われ、おとなしくなります。ここでご褒美《ほうび》としてエサをあげましょう。この方法を繰り返していくことで、次第に犬はホールドスティールに慣れて、エサに頼らずとも、飼い主1人でホールドスティールができるようになります。

犬が飼い主に安心して体を任せるようになったらしめたもの。ホールドスティールが成功すれば、犬が飼い主に対して絶対服従をとっているという証拠になります。正しい主従関係を築く近道にもなるのです。

ホールドスティール

（1）犬を股の間に挟む

（2）背中側から抱きしめる

（3）犬が暴れるようならグッと無言で抱きしめる

（4）犬が落ち着いたらOK

マズルコントロール

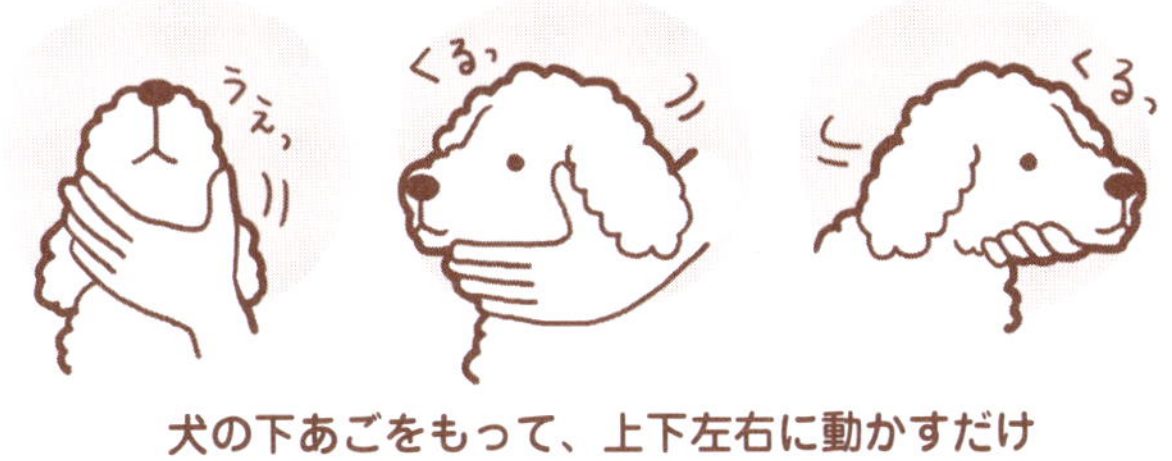

犬の下あごをもって、上下左右に動かすだけ

犬の弱点を触って信頼関係を築く方法『タッチング』

しつけの3大基本方法の最後は信頼関係をグッと高めることができる「タッチング（Touching）」です。と言ってもどこを触ってもいいというわけではなく、ルールがあります。

犬は体端部を触られることを嫌います。それは、鼻先や耳の端、足先、尻尾の先などの体端部が傷つきやすい場所だからです。この部分を重点的に触ることに、タッチングの意味があります。

まず犬にフセをさせ、体を横向きにします。この状態で先ほど挙げた体端部を触っていきます。次は仰向けにし、同じことを繰り返します。そして犬にとって最大の弱点であるそけい部もタッチングしましょう。もし抵抗したら、自分の体を犬の上に覆いかぶせ、身動きが取れないようにします。体端部やそけい部を自由に触れるようになったら、犬は飼い主に対して服従している証拠。ぜひチャレンジしてみてください。

魔法の法則
第2章

飼い主の帰りを静かに待てる犬は暮らす環境からして違う！

広いハウスは不幸せな環境!?ハウスをめぐる真実

「狭いところじゃかわいそうだから、とにかく広いハウスを置いてあげているの」なんていう飼い主は多いのではないでしょうか。しかしこれは犬にとっては非常にストレスフルな状況だということを知っていましたか？

犬はもともと小さな横穴で生活していた動物です。人間と生活をともにする前は、常に敵の襲来におびえながら生きていました。外敵の侵入がない小さな穴は、そんな犬たちが作り出した安心して休めるプライベートスペースなのです。したがって、飼い主が良かれと思って用意した広いハウスは、実は犬にとって外敵侵入に備えて常にピリピリと緊張していなくてはならない場所。ムダ吠えが多かったり、ハウスの中をウロウロしたり、おもちゃをかみちぎってしまったりするのも、ストレスが大きい証拠です。もし、あなたの犬がそんな行動をしているなら、ハウスは安心して休めるスペースではないというサインになるのです。

ではいったい、犬にとっていいハウスとは、どれほどの広さのものなのでしょうか。おすすめは、「無理なく犬が立ち上がれる高さと、足を伸ばしてフセができる幅と奥行き」です。

これだけの広さがあれば、犬は快適に生活ができるのです。「広いハウスじゃないとかわいそう！」と言っていた飼い主からは、「こんな狭いスペースでいいの⁉」という意見が飛んできそうです。しかしそれは人間本位の考え方。犬を擬人化してはいけないと私は前にも説明しましたが、こんなところにもその理由があるのです。

と、ここでみなさんはこう思うのではありませんか？　「子犬はどんどん体が大きくなるのに、その都度適した広さのハウスを買い換えていくのは大変じゃない！」と。

最近は、ハウスの広さを間仕切りを使って調整できるものが出回っています。これは、犬の成長に合わせてハウス内の広さを変えられるといった便利な商品です。子犬のうちは狭くしておき、体が大きくなったらそれに合わせて仕切り板を移動。そうすれば、どんなときも犬が安心できる適度な広さが確保できるわけです。

効果絶大！　ハウスを利用するだけで愛犬がおとなしくなる魔法の裏ワザ

飼い主が帰宅すると玄関まで大騒ぎしながら迎えに来る、なんて光景をよく目にします。これはすなわち、放し飼いをしているということ。しかし、私はたとえ室内だろうと放し飼いはおすすめしていません。

その理由は、犬が暮らしてきた環境にあります。犬がもっとも安心して過ごせる場所は狭いところです。ですから放し飼いの場合、犬はリラックスできる場所がないということになります。自分が行動する家の中全体がテリトリーになるのですから、犬はその領域を守ろうと必死で働くのです。それゆえに警戒本能が発達し、ボス意識が強い犬になります。これがどういう結果をもたらすのか…。

来客があると、「自分のテリトリーが侵される！　侵入者だ！」と必死で犬は吠え

放し飼いの場合、犬はリラックスできず、家全体を守るために来客に吠えるのです

ることでしょう。郵便や宅配の配達人にも同様に吠えて威嚇《いかく》し、さらにはピンポーンとチャイムが鳴っただけで怒り狂ったように吠えてしまうようになるのです。しかし、飼い主にとっては迷惑な行動ですが、犬にとっては至極当たり前な行動をしているだけ、ということを覚えておいてください。

　こんな困ったことにならないためにはどうしたらいいのか。答えは簡単です。ハウスに入れればいいのです。

　適度な広さのハウスを用意し、ここに犬を入れてあげます。誰も入り込まないハウス内は、安心して休めるプライベートスペース。絶えず緊張感を強いられる放し飼いとは異なり、実は犬にとってはリラックスできる環境なのです。

しかし、ハウスに慣れていない犬の場合、初めのうちは入ることを嫌がることでしょう。私はアズキ（ポメラニアン・メス9歳）とププ（プードル・メス4歳）、ポチ（雑種・オス3歳）、シジミ（チワワ・メス1歳）、アサリ（チワワ・オス4カ月）を飼っています。彼らは今では私が用意したハウスの中でおとなしく暮らしていますが、やはり初めのうちはハウスを嫌がって外に出ようとしました。そんなときに役に立ったのが「ドア付きハウス」でした。

そして、四方がしっかりと覆われたハウスの上にダンボールを置いたり、タオルを掛けたりしてあげました。犬が生活していた横穴同様の環境を作ってあげれば、嫌がっていた犬も本能的に安心感を覚え、ハウスの中は快適で安全だと認識するようになるのです。犬がハウスへの抵抗を持たなくなったら、ドアは取り外しても、開きっぱなしでも構いません。私が飼っている5頭の犬たちも、この手法でハウス嫌いを克服しました。

ハウスの中は安全だと犬自身が認識できれば、犬はいちいちチャイムに吠えることもなくなり、来客時に暴れるようなこともなくなるのです。

場所を取らず、便利だけれど…
トイレ付き一体型ハウスの甘いワナ

ペットショップを見ていると、ご丁寧にもハウスにトイレを付けた一体型の商品が売られています。一見、場所も取らず、便利に見えるこのトイレ付きハウスですが、実は犬にとっては大変迷惑な構造なのです。その理由は犬の習性を考えれば、すぐに見えてきます。

人間と生活をともにする以前、犬は横穴の中で生活をしており、排泄は巣からできる限り離れてしてきました。それは尿や便のにおいから、敵に巣のありかを察知されるのを防ぐためです。外に出られない生後間もない子犬の時期は、母犬がそけい部を舐《な》めて、排泄するように促します。そして、排泄物は母犬が舐めてすべて処理してきたのです。

このように、本来なら犬は、自らの身を守る意味でも巣の中を排泄物で汚すようなことは決してしません。と、ここまで言えばトイレ付きハウスがどうしていけないのか、もうすでにおわかりでしょう。

犬はとてもきれい好きな動物。自分のハウスを汚したくない生き物なのです。なのにハウスの中にトイレがある。犬はこんな環境で生活していると、次第にストレスを溜め込んでしまいます。仮に、我慢しきれずにハウス内のトイレで排泄してしまった場合、犬は「このままでは敵に感づかれてしまう！」と考えて、自分の排泄物を食べてしまうかもしれないのです。一方、「やっぱりハウスの中で排泄するのはいやだなぁ」と必死で我慢している犬の場合、ハウスから出してもらった途端に、ところ構わず排泄してしまう可能性だってあります。

人間の生活を考えると、人は家の中にトイレを作ります。わざわざ家を出て離れた場所にトイレは作りません。しかし、犬はハウスから離れた場所にこそトイレが必要なのです。人間と犬は違う生き物。犬を擬人化して考えてはいけない理由がここにもあります。便利なトイレ付きのハウスですが、飼い主が予想だにしないような問題が詰まっているのです。

いくらしつけても直らなかったそそうがあっという間に100％直る方法

キッチンやリビング、果てはベッドの上。いろいろな場所で犬が排泄をして困るとお嘆きの方に朗報です。そそうが完璧に直る方法を伝授いたしましょう。

それは「放し飼いをやめること」です。

「放し飼いとそそうに何の関係が？」と驚く方もいることでしょう。しかし放し飼いは、犬がとるさまざまな問題行動の一番の原因なのです。

自由に動き回れる放し飼いの場合、犬は尿意を覚えた場所で排泄を行うようになります。犬の尿管はゆるいので、放し飼いで動き回っていれば利尿作用も活発になり、何回にも分けてチョロチョロと排尿してしまうのです。

これを防ぐには放し飼いをやめて、普段はハウスに入れておくことを基本にしましょう。先に説明した通り、トイレはハウスの中に置くのではなくハウスから離れた別の場所に用意します。トイレの広さはハウスの3倍程度。その広さのサークルを用意し、ペット用のトイレシーツや新聞紙を敷いておきます。排泄をさせるときはハウスから出してトイレのサークル内へ。サークル内でうろうろする間に利尿作用がおき、犬はそこで排尿・排便をします。

「ハウスの3倍なんて広すぎるのでは?」と言われるかもしれませんが、利尿作用を起こすためには多少の運動が必要です。犬が歩けるスペースが必要なので、トイレには少し広めの場所を用意するといいでしょう。

排泄が済んだらトイレサークルから出します。こういった一連の流れを繰り返し行ううちに、犬は非常に順応性の高い動物ですから、そのうちサークルなしでもその場所で排泄を行うようになります。

また、注意したいのが排泄後の処理。犬のトイレはオシッコでにおい付けしておかなければいけないなんて思っている方、いませんか? これは間違った常識です。実は、犬は尿のにおいが残っている場所を避けて排泄をします。散歩中、犬が排尿した後にマーキングしているのは、ほかの犬の尿だから。自分の尿に重ねて尿をかけるようなことはしません。決まった場所で排泄させるためにも、においを残しておいてはいけないのです。

犬は「順位」の生き物
食事の順番で家庭内の順位が決まる

一般の家庭では、犬にササッとエサを与えた後で家族が食事を取ることが多いのではないでしょうか。しかしこれが、飼い主と犬との主従関係を築く際の障害となっていることを知っていますか？

野生の犬は群れ社会の中で生きており、狩りのときも集団で力を合わせて行います。狙った獲物を狩ることができたとき、誰が一番初めにその獲物を食べるのでしょうか？　それは群れのボスです。ボスが最初に獲物にありつきます。その間、ほかの犬たちは周囲で静かに待っているのです。ボスと同時に食べるようなことはしません。ほかの犬が食事するのは、ボスの食事が終わってOKサインが出てから。順位が上の犬から順番に食事をするのが犬社会のルールなのです。

人間に飼われている犬が、家族の誰よりも先に食事ができたらどう受け取るでしょう。「最初に食事をするのはいつもおれだから、この家族の中での一番偉いボスはおれなんだな」と認識することでしょう。自分がエサを食べ終えて満腹になったときに飼い主家族が食事を始めたら、「やっぱりこの人たちはオレより下位の者なんだ」と再認識するのです。

食事の順番ひとつで、犬はこんな風に間違った考えを持ってしまいます。だからこそ、犬を飼うためには犬の習性を理解しなければいけないのです。

「犬の食事は家族の食事が終わってから」。これが鉄則です。いつも最初に食事をしていた犬が、ある日突然後回しにされたら吠えて催促することでしょう。しかしここで犬を甘やかせてはいけません。こういった犬のわがままな行動に、飼い主が付き合ってはいけないのです。犬は非常に順応性の高い生き物ですから、正しい食事の順番を繰り返していくうちに、犬の頭の中に「家族の食事が終わってから自分のエサをもらえる」とインプットされていきます。

こういった日々の行いの積み重ねによって、犬は飼い主に従う、りこうな犬になっていくのです。

一緒の布団でおやすみなさい その行動に「待った」！

飼い主と犬との間に正しい主従関係を築く機会は、就寝時にもあります。実は就寝時も、飼い主が上位で犬が下位であることをわからせる絶好のチャンスなのです。

小型犬の場合、かわいらしさのあまりベッドで一緒に寝ている人も多いことでしょう。しかしこれでは、せっかくの機会を有効利用できていません。私は毎日の添い寝には基本的に反対です。

正しい主従関係を築きたいなら、寝るときは犬を人より下段で休ませましょう。このルールを破ってベッドの上に犬を寝かせると、「あれっ？　ボクは飼い主と同じ高さで寝ているな。これは下剋上のチャンスだ！」と犬はほくそえむことでしょう。
犬は群れの中で生きる動物で、その群れは完全な縦社会です。そしてその中に存在するのは優位と劣位のみ。同等という地位はありません。飼い主は「犬とは家族、友だち」と思っていても、そんな考えは犬には通用しないのです。飼い主と犬が同じ高さで寝ると、犬は飼い主より優位に立とうとします。せっかく正しい主従関係を築いていても、添い寝をすることによってその関係は崩壊しかねないのです。

しかし逆に言うと、正しい就寝法をとれば飼い主上位の上下関係を築くステップになるのです。同じ部屋で寝たいのなら、飼い主はベッドで、犬は床にハウスを置いてそこで休ませます。常に飼い主は犬より優位に立たなければいけません。それは寝る時も例外ではないのです。

しかし急にベッドからおろして下で寝かせようとしても、「昨晩はベッドで寝ていたのに！」と犬はベッドに這《は》い上がってくることでしょう。ここで甘やかせずに、ベッドから下におろしてハウスに入れます。飼い主は犬の間違った行動には毅然とした態度で「ＮＯ」と示す必要があるのです。

うちの子は立派な番犬
しかし、「玄関先のハウス」は
犬にとってはストレス満載状態

庭付きの一戸建て家庭の場合、屋外で犬を飼っているケースも多いことでしょう。しかし私が知る限り、正しい屋外飼いをしている家庭はごく稀《まれ》です。犬にとって厳しい環境で飼ってしまっているケースが大半です。

屋外飼いの場合、番犬の役割を果たしてもらおうと玄関先に犬がいるパターンが多々見られます。しかし玄関はさまざまな人が出入りする場所です。郵便、新聞、宅配便の配達員、セールスマンなど、誰がいつやってくるかわからない落ち着かないスペースなのです。また家に入ってくる人だけでなく、家の前を通る人々のことも常に犬は意識するようになります。朝から晩まで、犬は24時間神経を研ぎ澄まさなければならなくなるのです。こんな状況では、ストレスがたまらない方がおかしいと思いませんか？

私の知っている飼い主も、玄関先にハウスをおいてビーグルを飼っていました。ハウスの目の前には道路があり、車や人が頻繁《ひんぱん》に通行します。ビーグルからは人の出入りや通行人が丸見えの状態です。ビーグルはもともと吠え癖がつきやすい犬種なのですが、その犬の吠えようはすさまじいものでした。少し経って再度様子を見に行くと、ハウスの前においてあった木製の格子板がボロボロになっていました。常に神経が張り詰めて、たまりにたまったストレスが爆発し、そのビーグルがかんで壊してしまったのです。

玄関先は、犬にとって望ましくない環境です。外で飼うなら、裏庭など人気のない場所で飼うべきでしょう。日当たりが多少悪くとも、成犬になっていれば大した問題ではありません。しかし住宅事情から、玄関先でしか飼えないという場合もあります。そんな場合はできる限り犬から人の姿が見えなくなるように、ハウスの前に衝立《ついたて》をおくなどして工夫しましょう。

さらに屋外飼いで気を付けたいのが、鎖《くさり》や縄でつなぐという行為です。犬をつないでおくと、必然的に行動範囲は限定されていきます。これはすなわち逃げ場がないと

理想的な外飼いとは…
●裏庭など人気のない場所で飼う
●サークルなどの囲いの中にハウスを置き、鎖などにつながない
●風通しのよい日陰

いうことを意味し、犬にとっては大変なストレスです。自宅に適当なスペースがあるのなら、できるならサークルを設置して、その中にハウスをおいてあげた方が犬にはうれしい環境です。

先ほど例に挙げたビーグルも、短い鎖でつながれていました。鎖の存在が、ストレスに拍車を掛けていたことでしょう。

ここで、「うちの場合、ワイヤーを張ってそこに犬をつないでいる。犬はワイヤーのある範囲なら自由に行動できるから、ストレスなんてたまらないはずだ」と反論する飼い主もいるかもしれません。確かに短い鎖や縄でつなぐよりかは広いスペースを動けるかもしれませんが、犬にとっては行動範囲が限定されていることには違いないのです。広さの問題ではありません。

自治体によっては、条例で係留義務を犬の飼い主に課しているところもあります。私はこの条例に異論を唱えているわけではありません。係留は「つなぎとめる」という意味ですが、その通り「犬をつないでおかなくてはならない」ということではないのです。「犬を放し飼いにしてはいけない」ということなのです。

ではどうすればいいのか。答えは簡単、囲いを用意して犬のプライベートスペースを作ってあげればいいのです。囲いの中に犬を入れておけば、道行く人や来客に飛びかかって危害を加えるようなことはありません。

通常、通行人や来客は勝手に囲いの中に入らないので、犬は囲いの中で生活することで、「この中であれば安全なんだな」と感じるようになります。自然とムダ吠えもおさまっていくことでしょう。人の姿が見えなくなるような囲いがベストですが、柵や格子状のものでも囲いであれば問題はありません。要は境界線を作ってあげることが重要なのです。

最後に、屋外で飼うときに注意したいのが日当たり。子犬の時期は、日光量が骨の発育に影響するケースもありますが、成犬になったら風通しのよい日陰で飼うといいでしょう。日当たりがよすぎる場所は犬にとっては不快で、ストレスの原因になる場合も。見落としがちですが、注意したい項目です。

もし、日の当たる場所でしか飼えない場合は、日よけシートをハウスの上にかけてあげてください。特に暑さが厳しい日には、保冷材を活用しましょう。そのままおいておくと、犬が食べてしまう恐れもあるので、タオルなどで巻いてあげます。これでハウスの中は、グッと過ごしやすくなるはずです。

多頭飼いでは明確な順位付けが必要不可欠！

ひとり暮らしや共働き家庭でも、犬を2頭、3頭と多頭飼いしている方は数多くいます。しかし犬の習性を理解していない飼い主はたった1頭でも手を焼いて私のところに駆け込んで来るというのに、もしそんな状態の飼い主が多頭飼いをしていたら…。

私のところに相談に来たある方は、ラブラドール・レトリーバー（オス・4歳）、フラットコーデッド・レトリーバー（オス・3歳）、ゴールデン・レトリーバー（オス・2歳）を飼っていました。1年ごとに1頭ずつ増やしていったといいます。その飼い主は、「もう家の中がめちゃくちゃになってしまって大変!!」とお手上げ状態でやってきたのでした。

オス3頭は家の中で飼われていたのですが、好き勝手にいたるところでマーキング。ベッドの上でも暴れて、家の中は荒れ放題だったそうです。

私はまず問題行動の解決策として、3頭の間の順位付けから始めました。多頭飼いをしている飼い主からは、「ほかの犬の分までエサを食べてしまう子がいるんです」といった相談を持ちかけられることがよくあります。犬は本来、群れの長であるボスが食事を済ませてから下位の犬が順に食事をします。2頭、3頭で飼っている場合、群れ社会のルールに従って配慮しなくてはいけません。複数の犬に同時にエサを与えることは、この習性を無視することになります。これが原因となり優位の犬は下位の犬を威嚇して排除しようとしたり、ほかの犬の分まで食べてしまったりするのです。従って多頭飼いの場合、犬が決めている順位に沿って、順番にエサをあげなくてはいけません。順位は犬の行動を観察していると、おのずと見えてくるはずです。

さらには就寝場所も順位付けに有効です。49ページで飼い主との主従関係を築くための就寝法を解説しました。これを応用するわけです。

先ほどの多頭飼いの例では、大暴れする原因は犬の中での順位付けがあいまいになっていた点にありました。そこでまずは3頭の行動をよく観察し、順位付けを読み取るようにしました。その後はその順位に合わせてエサを順番に与え、さらに、より強く順位を認識させるために、1番手の犬だけをベッドの上で、2番手、3番手の犬はベッドの下で寝かせるようにしました。49ページで紹介したように、基本的に犬は飼い主と同じ高さのベッドで寝てはいけません。しかしこの場合、「この犬が1番手で偉いんだぞ！」とほかの2頭に知らしめるために、あえて1番手の犬だけをベッドの上で寝かせました。

この2つを根気強く繰り返すことで、3頭の間には野生の犬同様の秩序正しい縦社会ができあがり、以前のような大暴れをすることもなくなりました。順位付けがなされたら、もちろん1番手の犬もベッドの下で眠らせます。

またこの3頭は去勢をしていなかったので、去勢手術も受けさせました。猫と違って犬は去勢したからと言って、おとなしくなるわけではありませんが、少なくとも性的なストレスからは解放されます。

小型犬の場合は5、6カ月ごろが去勢手術を受けるのにベストな時期です。ちょうどそのころ、片足を上げてマーキングするようになるからです。

このマーキングこそが性の目覚め。去勢を考えるのであれば、性的ストレスから解放させるためにも、できればこの時期の手術をおすすめします。

メスの場合は不妊手術を受けることで、乳腺炎などのメス犬特有の病気

秩序正しい縦社会を作ることが、
多頭飼い成功への必須条件

になりにくいといったメリットがあります。手術時期は第1回目の発情の前、生後8カ月くらいがいいでしょう。

少し話がそれてしまいましたが、一度順位をきちんとつけても、後々にその順位があいまいになることもあります。そのときは対策を講じなくてはいけません。私の家では5頭の小型犬を飼っていますが、普段の就寝時は私のベッドの下で5頭はハウスに入っておとなしく寝ています。しかし1番手である年長犬のアズキをほかの犬が無視するような行動を取り出したら、私はアズキだけを私のベッドの上で寝かせるようにしています。これを見てほかの4頭は、「ああ、やっぱりアズキが私たちの間では一番偉いんだな」と思うようになるのです。アズキが1番手だとほかの犬が認識したら、いつも通りアズキもベッドの下で寝かせます。

多頭飼いの場合、飼い主と犬の間だけではなく、犬同士の順位付けも非常に重要で、秩序正しい縦社会の確立が必要不可欠です。下位の犬が常に上位の座を狙っているような状況は、安心して犬が暮らせる環境ではないのです。

魔法の法則
第3章

子犬の時期は
しつけをするまたとないチャンス！

しつけは子犬の時期から始まっている
犬の一生の別れ道、それは「社会化期」

小型犬の場合、大型犬より早いスピードで成犬になると言われています。私たちはその間の時期を、成長の過程によって次の4段階に分けています。

（1）新生時期：誕生～2週齢
（2）過渡期：2週齢～4週齢
（3）社会化期：4週齢～12週齢
（4）幼若期：12週齢～1年齢

新生子期とは、目が開くまでの時期を指します。できることなら、この時期から子犬を人間に触れ合わせておきたいものです。そうすることで、人に親しみを覚える犬へと成長します。また、幼いときから人に慣れている犬なら、成犬になって子犬を産んでも、産んだ直後から人に子犬を触らせることでしょう。

過渡期に入ると、目が見えるようになり、あちらこちらに歩き出します。そして社会化期、幼若期を経て成犬へと成長していきます。

子犬から飼う場合、一般的に生後2～3カ月からがいいとされています。その時期は社会化期にあたり、犬の一生を左右する非常に大切な時期だからです。

社会化期の間に必ずしなくてはいけないのが社会化環境馴致《じゅんち》。これをしっかり経験させておかないと、さまざまな問題行動を起こすようになってしまいます。ところで、一般の飼い主の方は、「社会化環境馴致って何？」と思っている方もいることでしょう。馴致とは、言葉の意味としては「慣れさせること」です。ではいったい、子犬を何に慣れさせればいいのか。それは人、犬、子ども、車、電車、音…と挙げればきりがありません。つまり、その子犬が成犬になったときに、目にするであろうすべてのものということになります。

「うちの犬は散歩中にほかの犬を見るとけたたましく吠えたり、暴れたりして困っています」という方もいますが、これは、社会化期の間にほかの犬との接触を持たなかったがために、拒絶反応を起こしているといえます。

「帰省のときに犬も一緒に連れて行きたいのに、車を怖がって乗りたがらない…」というケースも同様。社会化期に車に慣れさせておかなかったがために、そういった行動に出てしまったのです。

しかしながら、ペットショップや動物病院で「生後2〜4カ月までの間は、できる限り外には出さないように。ほかの犬との接触も極力絶ってください」などと言われることが多いことでしょう。数回のワクチン接種がすべて終わるまでは免疫力が低下しているので、病気になりやすいというのが理由です。忠実にこの教えを守っている飼い主の方も多いと思います。しかし私はこの意見には少々異論を唱えます。

なぜなら生後3カ月ごろまでの社会化期は、さまざまな環境に慣れさせる意味で非常に重要な時期だからです。社会化期は、犬の一生の中で最も周囲の物事に対して興味を持つ時期で、しかも順応性も高いとされています。先ほど、「人間と正しい関係が築けている母犬は、生後間もないわが子を人間に触られても怒ることはありません」と私は言いました。野生の犬なら「わが子が奪われてしまう！」と猛烈な勢いで襲いかかってくることでしょう。人への順応は新生時期からさせたいものですが、犬を飼い始めるのは大抵社会化期のころから。そこで社会化期からさまざまな人とふれあい、

子犬の時期は
しつけをするまたとないチャンス！

友好的な関係を築いておくことで、その子犬が成長して母犬になったとき、わが子でさえも安心して人間に預けるようになるのです。こういった人間と犬との正しい関係を築く意味でも、社会化期は大切な期間となります。

　散歩中にほかの犬を見るたびに吠えていたのでは、飼い主も散歩が苦になることでしょう。これも社会化期の子犬にほかの犬を見させておくことで、防げるのです。

「免疫力の低い子犬が、ほかの犬から病気をもらったら大変じゃないか！」と反対意見を持っている方はいませんか？　私は思うのです。「社会化環境馴致できていない犬が成犬になって、生活を乱すような問題行動に走るリスクの方がよっぽど高い」と。

社会化期に重要な環境馴致を行うためにも、人間との正しい関係作りが大切

馴致でどんどんおりこうになる!
馴致の「い・ろ・は」をマスターしよう

では一体何から馴致させればいいのでしょうか。まずはこれから先、飼っている犬が目にする機会が多いものから慣れさせていきましょう。

真っ先に思い浮かぶのが人、犬ではないでしょうか。家族以外の人に抱っこをしてもらい、また可能なら子どもにも馴致しておきましょう。子どもは大人より声のトーンが高かったり、動きが激しく乱暴だったりして、犬にとって大人とは別の生き物として映ります。成犬になったとき、子どもに襲い掛かろうものならそれこそ一大事。社会化期のうちに子どもと子犬が接する機会も持ち、馴致させておきましょう。

次に犬馴致です。「子犬を成犬に引き合わせるなんて危険だ！」と心配する方もいることでしょう。しかし、子犬の時期は子犬特有のオーラを発しています。成犬はむ

子犬の時期は
しつけをするまたとないチャンス！

やみにかみ付いたり、いじめるようなことはしません。また、馴致は必ずしも接触を図って行うものとは限りません。子犬にほかの犬を見せておくだけでも効果的です。ヨーロッパでは、「犬にとって社会化期は非常に重要」という考えが浸透しています。子犬を連れて外出し、さまざまな人、ものと触れ合う機会を設けているのです。この点でもまだまだ日本は遅れを取っているといえます。

「外出して社会化環境馴致と言っても、たくさんの距離を子犬に歩かせるのはかわいそう」と言う飼い主もいることでしょう。馴致は歩かせなくても行えます。飼い主が抱っこをしたり、カゴに入れて連れて歩いたりして、馴致対象物を目に触れさせるだけでも効果があるのです。

そのほかの馴致としては、車が挙げられます。後々、犬と一緒に車で外出できるよう、また散歩中に犬が車に遭遇しても驚いてしまわないよう、社会化期の間に慣れさせておきましょう。この時期から車を見せたり、一緒にドライブをしたりすれば、犬は順応性が高いので慣れてくれるはずです。

また、音も重要です。トラックのエンジン音や花火、雷などの大きな音におびえる犬は少なくありません。音響恐怖症という遺伝的な要素が影響しているケースもあるようです。しかし「遺伝だから…」とあきらめないでください。社会化期のうちなら、克服が可能です。花火や雷などの音を収録したCDが発売されていますので、それを活用してみましょう。

初めのうちはボリュームを絞《しぼ》ってそのCDを聞かせます。次第に音量を上げ、慣らしていきましょう。このとき犬がおびえるようなそぶりを見せても、飼い主は無視してください。犬が怖がると飼い主は子どもをあやすように声掛けをしてしまいがちですが、これはNG。声を掛けることで犬の恐怖心は増幅していきます。

犬が音に慣れてきたら、CDを聞かせながら一緒に遊んだり、エサを与えたりするなどの対応をとりましょう。そうすると犬は「大きな音が聞こえてきたら、何かいいことが起きるらしい」と思うようになり、音にもおびえなくなります。

もし、飼っている犬がすでに成犬になっているのに、馴致が十分に行えていなかったら…。落胆することはありません。今からでも遅くはないのです。徐々に慣れさせていけばいいのです。馴致をさせようと一気に行うとトラウマになり、今以上に拒絶反応を示すことだって考えられます。焦らずゆっくり。少しずつ慣れさせていくことが大切です。

子犬の時期の甘がみは歯がかゆいからではなかった！

子犬と遊んでいると、人の指や手をかむようなことがあります。「子犬だから全然痛くないわ。それに乳歯から永久歯に生え変わる時期だからむずがゆいのね」と言っている方は要注意です。

よく、子犬がきょうだい同士でかみ合って、取っ組み合いをしながらコロコロと転がっているようなシーンを目にします。これはじゃれているのではなく、順位付けをしているのです。犬の社会は完全な縦社会。子犬だって順位付けをします。

親やきょうだいの元から新たな飼い主に引き取られた子犬は、その新しい家庭内で順位付けをしようとします。飼い主の手や指をかんでいるのは、きょうだい同士でかんだり取っ組み合いをしているのと同じ。ですから、甘がみを許していると子犬はこんな風に思うのです。「こいつはかんでも抵抗してこないぞ。ボクのほうがこいつより強いんだ！」と。そして、自分を飼い主より上の地位にいると認識します。こうなっては大変です。小さいうちは甘がみだと笑っていられますが、成犬になるとともに本がみになり、大怪我を負うことになります。

しかも、「歯の生え変わりの時期だからかむ」という理論もおかしくはありませんか？　人間の子どもは乳歯がグラグラして抜けかけているときに、「歯が抜けかけているから何かかまなくちゃ」とは思わないでしょう。かゆくもないはずです。冷静に考えるとおかしな理由なのに、飼い主たちは信じきっています。

私のところにある飼い主が、生後8カ月になるメスのコーギーを連れてやってきたときのお話をしましょう。相談内容は悲惨なものでした。

「この子は子犬の時期に、よく甘がみをしていたんです。でも子犬だし、じゃれて遊んでいるんだろうと思って放っておきました。すると体が大きくなるとともに、すごい力で私たち家族をかむようになったのです。家族全員が、何針も縫うような大怪我を負っています。なんとかかみ癖を直したいのですが、どうしたらいいのかわからず、ほとほと困っています」

子犬のころの甘がみは「歯がかゆい」からではなく順位付け！
かみかみ
かみかみ
放っておくと…
成犬になったとき大怪我！
がぶっちょ!!
ひー

このコーギーは、αシンドロームの犬だと言えます。αシンドロームとは訳すと「権勢症候群」。権勢本能が発達しすぎてしまった状態を意味します。権勢本能は強くなりすぎると犬の寿命をも短くしてしまう恐れがあるのです。また、飼い主をかむということは、家庭内での順位がおかしな状態になっているという証拠。早急に対処しなければならないケースでした。

権勢本能をダウンさせ、服従本能を高めるために私の訓練所でこのコーギーを預かったわけですが、訓練所に来た時点で人をかまなくなりました。それは、家庭の中という狭い世界ではボスとして君臨していたものの、外の世界を知らない内弁慶だったからです。しかしかまなくなったと言っても、それは環境の変化がもたらした一時だけのこと。根本的なところを直さなければ、家に帰ると家族をかんでしまう問題犬に逆戻りです。だからこそ、飼い主とともにしっかりと服従訓練を施しました。この犬が飼い主との間に正しい主従関係を築くまでには、3、4カ月かかりました。

一度このコーギーのような状態になってしまうと、直すのに長い期間を要します。そうならないためにも、子犬の甘がみを「大した問題ではない」と放置しておいてはいけないのです。私は甘がみを問題行動だと考えています。犬は人間に服従していな

子犬の時期は
しつけをするまたとないチャンス！

くてはいけないのですから、歯をあてるようなことが絶対にあってはならないのです。また、服従していることが、犬にとってこれ以上ない幸せでもあるのです。

それでは甘がみをしてきた子犬で、すでに成犬になってしまった犬にはどんな対応をしたらいいのでしょうか。ここで登場するのが、マズルコントロール（34ページ参照）です。歯は犬にとっての最大の武器。そこでマズルコントロールによって口の自由を奪い、武器である歯を使えなくするわけです。またこの対応は甘がみをやめさせるだけでなく、飼い主が犬より上の立場だと知らしめることもできます。

飼い主家族をかんでしまったコーギーのように、飼い主との上下関係が逆転している犬は残念ながら少なくありません。飼い主が気付いていないだけで、よくあるケースなのです。

母犬と一緒に生活している子犬は、母親から服従性を教わります。子犬の前で母犬がわざと尻尾をパタパタと振って、ちょっかいを出します。これに子犬がじゃれてかもうとしてくると、母犬は子犬をガバッと仰向けにし、「かんではいけない！」と教えるのです。これと同様のことを、マズルコントロールを用いて飼い主が行いましょう。飼い主はボスとして、毅然とした態度で犬に接するべきなのです。

子犬はかわいい！　だけど…「かわいいから見つめる」にひそむ危険

「かわいいから、1日中見ていても飽きない」と子犬をうっとりと眺めてしまう飼い主は多いでしょう。しかしその行為は、とても危険なことなのです。

野生の犬は上下関係がはっきりとした完全縦型の社会で生きており、家庭で飼われている犬も家庭内で順位付けを行っていると再三にわたって解説してきました。上位の者は下位の者からの注目を集めます。つまり、飼い主が子犬を眺めているその様は、犬にとっては下位のものが上位のものに従う姿勢だと映るのです。

同様に、話しかけるのも下位が上位に行う「媚《こ》び」行動です。「こんなことしちゃだめでしょ！」と言っても、犬が日本語を理解するはずがありません。英語も、フランス語もしかりです。話しかけることがコミュニケーションだという考えは大間違い

正しい関係を築く前の長時間の接触は、犬からすれば「下位の者から上位の者への“媚び”」と見られ、問題行動へとつながる恐れが…

で、褒《ほ》め言葉でも叱責《しっせき》でも犬にとっては同じ。「こいつはオレに媚びているんだな」と映るわけです。

もちろん、「絶対に犬に話しかけるな！」と言っているわけではありません。正しい主従関係が築けていれば、話しかけをするのは問題ありません。関係を築く前にじーっと何分も見つめたり、たびたび話しかけたりしてベタベタと接触するのが問題だと言っているのです。犬との生活の中から、こういった飼い主の問題行動をどんどん排除していきましょう。そうすることが、犬の問題行動解消へとつながっていくことを知ってください。

散歩は散歩！
必ずしもトイレタイムではない

雨が降る日も雪がシンシンと降り積もる日も、犬を散歩させている人を見たことがありませんか？　さぞ大変なことでしょう。しかし飼い主には言い分があるようです。

「うちの子は散歩中にしかトイレをしないの。だから毎日散歩に連れて行かないといけないのよ」

散歩中にしか排泄をしない犬は実際にたくさんいます。しかしこれは習性ではなく、飼い主がそうするようにしつけた結果なのです。

飼い主だって本当のところは、雨の日や雪の日にわざわざ犬のために外出したくないでしょう。ですから、本来なら散歩とトイレは切り離して考えるべきなのです。家の中でトイレの場所を決めて、そこできちんと排泄できるようにしつけることをおすすめします。外出前に排泄を済ませてしまえば、糞を持ち帰るためのビニールなどを持たずに、手ぶらで散歩に行くことも可能なのです。

犬の排泄関連で注意したい点がもう1つあります。犬にトイレを覚えさせる方法は、2章で説明しました。しかし、ずっと自宅のトイレで排泄ができるとは限りません。旅行などで犬と一緒に外出する機会もあることでしょう。そんなときに備え、さまざまな環境で排泄できるように馴致しなくてはならないのです。

犬は靴を履いて歩いてるわけではないので、足の裏で床、砂、石、草などの感触を得ています。いつもトイレシートや新聞紙の上で排泄していた犬に、いきなり外出先の砂利の上で排泄させようとしても、中には「いつもと違うこんなゴツゴツした感触のところでトイレなんでできないよ！」と思う犬もいることでしょう。

そうならないためにも、社会化期のうちに砂利、砂、草、土…といったさまざまなところで排泄させる機会も設けておくことをおすすめします。そして、この訓練は、散歩とは別に行うことがポイント。散歩はあくまでも散歩です。子犬時期のうちにそういった馴致を済ませておくことで、成犬になった際にどんな環境でも排泄ができるようになるのです。

「散歩に行こうよ。時間だよ」散歩を催促する犬は、実は〈困った犬〉

朝食前と夕食前など毎日規則正しく散歩しているという話をよく聞きます。そんな飼い主に限って、「うちの子は散歩の時間を吠えて教えてくれるのよ」と言うのです。

犬は非常に時間の感覚に敏感な動物です。規則正しく散歩に連れて行けば、「そろそろ時間だぞ！」と吠えて催促するようになります。例えば毎朝決まった時間に散歩をさせているとその感覚を覚え、時間が近づくと吠えて飼い主を起こすようになることも。

そうならないためにも、「散歩は不規則に」が大原則です。「散歩中にしかトイレをしない」という犬も、76ページで紹介したように散歩とトイレを切り離しておけばいいのです。これなら雨の日も「今日は雨だから散歩は中止」となっても問題はありません。また、もし犬が吠えたりリードをくわえてきたりして催促した場合には、「無視」が有効です。

さらには、散歩中に飼い主が犬に引っ張られるといったこともあってはならない光景。犬が行きたい方向に進み、それに飼い主が引きずられている状態では、飼い主に主導権があるとは考えられません。また散歩コースが決まっていると、犬の領域意識が強まります。散歩コースを自分のテリトリーだと考え、侵入してくるものを排除しようと攻撃的になります。ますます犬の権勢本能アップへとつながっていくのです。

ここで登場するのがリーダーウォーク（30ページ参照）です。この歩行法で飼い主がボスの座に就き、正しい主従関係を築いてください。

またマーキングも、権勢本能強化へとつながる行為です。犬がマーキングを行おうとしたら、リードを引っ張って阻止するようにしましょう。拾い食いも同様。しかりつけるのではなく、リードをクイッと引っ張って首に不快感を与えます。もしくはリーダーウォークのように突然飼い主が方向転換をしてみましょう。犬に「落ちているものを食べようとしたら、自分勝手な行動はできないぞ」とすり込むのです。

私が知っている老夫婦は柴犬を飼っているのですが、この犬は老夫婦との信頼関係が完全に築けていて、老夫婦のスピードに合わせてゆっくりと歩きます。犬が早く歩きすぎてリードがピンと張ったら、老夫婦のところに戻っていき、「どうしたの？」とでも言っているように様子を見たりもします。正しい散歩法を教えることができれば、犬はこんなにも従順です。「散歩は不規則に、主導権は飼い主に」、これを忘れずに。

犬が犬嫌い!?
ほかの犬からも好かれる犬になれる魔法！

犬の姿が見えると、「ウゥ〜」とうなったり、突然吠え出したり。そんな犬との散歩は誰だって避けたいものです。しかし犬嫌いな犬は少なくないというのが現実。ほかの犬を見て攻撃的になる状態は、飼い主が疲れてしまうだけではなく、犬にだってストレスになります。

ほかの犬を見て吠えてしまうのは、社会化期に犬馴致が行われていないのが原因です。社会化期ならすんなりとほかの犬の存在を受け入れ、交流が図れます。しかし家庭の中だけで育った犬は、ほかの犬との交流のやり方がわかりません。犬同士が鼻をつき合わせてにおいを嗅ぎ合ったり、おしりのにおいを嗅いだりしているシーンを見かけたことがあると思いますが、そういった交流ができないのです。飼い主にとっても犬にとっても快適な散歩タイムのために、ほかの犬と仲良くなる方法をお教えしましょう。

まずは公園など、犬が集まるところに出向いてみましょう。飼っている犬が小型犬ならまずは友好的な小型犬を探して、交流させてみます。オスを飼っているのならまずはメスと交流させ、その次に大型犬のメス、次は小型犬のオス、そして大型犬のオス…といったように徐々に慣れさせていきます。まずは、「オスとメス」の組み合わせから始めてみましょう。

犬同士が交流をはかっているとき、飼い主は無言でいることが重要です。犬が警戒し出したり、暴れるようなそぶりを見せたりしたら、リードを引っ張って防止します。それ以外は犬が自分から交流方法を学んでいくように、見守ってあげましょう。

「キャー、かわいい！」見知らぬ人のナデナデはセクハラ行為

散歩中、見知らぬ人が犬をなでてきました。あなたはどのように反応しますか？「まあ、ありがとうございます」とニッコリ。こんなことを言ってしまう方は、今日から考えを改めてください。

犬にとって知らない人に触れられるという行為は、実はセクハラ以外のなにものでもないのです。ヨーロッパでは、散歩中の犬に見知らぬ人がちょっかいを出すようなことはまずありません。犬の習性を理解し、どう対応すれば犬が幸せかということを知っているからです。

とはいえ、かわいがってくれる人を拒否することは難しいでしょう。しかしそういった状況を作らないことは可能だと思います。あとはあなた自身もほかの犬を見てナデナデすることをやめることです。1人1人が気を付けることで、日本もヨーロッパのように犬にとって住みやすい環境へと変わっていくのですから。

魔法の法則
第4章

おとなしく待てる犬は外出前の飼い主の対応が違う！

帰ってきたら部屋がぐちゃぐちゃ…は「ハウスに入れて外出」ですっきり解消！

仕事で疲れて家に帰ると、部屋の中にはティッシュが散乱。ゴミ箱も、愛犬のためにおいていった水もひっくり返っていて、見るも無残な状態に…なんて経験はありませんか。

ひとり暮らしや共働き家庭の場合、必然的に犬に長時間留守番させる機会が多くなります。そんなときは必ずドア付きハウスやケージに入れて外出するようにしましょう。犬をハウスやケージに入れることのメリットは何度も説明してきたので、もうおわかりいただけているはずです。

ハウスやケージに入れて犬を飼うことは、犬の習性の面から考えてみても理にかなっています。飼い主の留守中に部屋の中が荒らされるのは放し飼いだからであって、

留守時のいたずらも「ハウスに入れて外出」すれば簡単に解消！

ハウスやケージで飼ってしまえばそんなことにもなりません。帰宅時に「散らかった部屋を見てゲッソリ」なんてことからも解放されるのです。

しかしハウスに不慣れな犬なら、なかなかハウスに入ってくれないこともあるでしょう。外出前の忙しいときに、ハウスに入りたがらない犬と毎日格闘していたのではたまりません。ほかの章で、ハウス嫌いな犬のために「四方を囲ったドア付きハウス」の魔法をおすすめしました（42ページ参照）が、ここではさらに即効性のある、エサを使ってのハウス（ケージ）誘導法方法をお教えしましょう。まず、エサをハウスやケージの中に放り込みます。犬はエサを追い、中に入っていきます。しかしここはジッと我慢。「今だ！」とすかさずトビラを閉めてはいけません。犬は飼い主に対して疑心暗鬼になり、次からはエサを投げ込んでも警戒してハウスの中に入ってくれなくなるでしょう。

私がおすすめする方法は、そんなやり方ではないのです。

エサを追って入った犬は、食べ終わるとハウスやケージから出ようとします。出ようとした瞬間に、飼い主は再度入り口付近にエサをおくのです。食べ終わって出ようとしたらまたエサをおく。こういった一連の流れを繰り返していくうちに、「もしかしてこのまま中にいると、どんどんエサがもらえるのかな？」と犬は思うようになります。ハウスにいる時間が長くなってきたらしめたもの。最終的に、犬が外に出ようとしなくなったら、慌てずにトビラを閉めましょう。

初めのうちは、トビラを閉めたあとに外に出ようとしてガリガリと引っかいたり、吠えたりすることでしょう。しかし犬は順応性が高いので、何度か繰り返していくうちにそういった行動もなくなります。ハウスやケージの利用は犬の習性に合ったスタイルなので、短い期間で慣れていきます。

犬が快適に思うハウスは夏と冬とでは大違い！

ひとり暮らしや共働き家庭の場合、犬に何時間もの間、独りで留守番させることになります。ですから留守番中の犬の住環境には特に気を配りたいものです。犬は比較的寒さには強く、暑さには弱い動物です。特に、夏暑くなる地域で1年中同じ環境のハウスを使っていたのでは、犬にとっては少し辛い状況かもしれません。そこで私は季節によってハウスを模様替えすることをおすすめしています。

例えば暑い夏場の時期は、風通しのよいものに変えてあげましょう。私の場合、100円ショップで売っているやや目の粗いプラスチックのカゴと、それに合った大きさのトレイを利用しています。カゴだけだと毛が舞い散ってしまうので、トレイを敷いて毛の受け皿にしているわけです。これをスポンジ製などの温かいハウスに代わってケージの中に入れてあげれば夏用ハウスの完成。1頭につきたった200円のリーズナブルなハウスですが、風通しがよくなるので、犬たちは快適に過ごせます。

屋外飼いの場合は日差しや地面からの影響が厳しいので、さらに気配りが必要です。布で包んだ保冷剤をいくつかハウスの中に入れてあげると、クーラーほどの効果とまではいきませんが、随分と過ごしやすくなるでしょう。

そして冬場は、冷え込むようなら発泡スチロールの箱を活用してみましょう。発泡スチロールの箱の内側にタオルなどの布を敷いたら冬用ハウスの完成です。外の冷気は遮断され、内側の熱は外に逃げにくくなります。成犬なら、冬場でもペットヒーターを用意する必要は特にありません。ただ、子犬の場合は寒さに弱いので、ペットヒーターの使用をおすすめします。屋外で飼っている場合は毛布などを敷いてやり、寒さ対策をしてあげましょう。

カゴも発泡スチロールも高いものではありませんが、効果は抜群。ドッグフードは安いものを与えるのではなく、ある程度はお金をかけるべきですが、すべてのものにお金をかければいいというわけではありません。こんなにもリーズナブルで効率のよいものだってあるのです。

「いまオシッコさせたい！」が叶うとっておきの魔法

出勤などでバタバタと忙しい外出前に、なかなか犬が排泄をしてくれなくて飼い主はイライラ。排泄をさせないいまま出かけるのはかわいそうすぎるし…。

実は、こんなストレスから解放されるとっておきの方法があるのです。用意するのは家にあるアラーム時計1個のみ。たったこれだけで、飼い主が「いまオシッコさせたい！」と思うときに、スムーズに排泄させることができます。

方法もいたってシンプル。犬をハウスやケージから出してトイレで排泄させているときに、「ジリジリジリ」や「ピピピピ」という時計のアラーム音を鳴らすだけでいいのです。これを毎日、排泄時に繰り返し行います。また、鳴らす音は毎回同じでなければいけません。

これを何度も繰り返しているうちに、「オシッコのときにはいつも同じ音が聞こえるなぁ」と犬は感じるようになります。つまりアラーム音は、排泄をさせるための条件付け。そのうち犬はアラーム音を聞くだけで、「あっ、オシッコをしたくなってきたぞ」となるのです。

条件付けができれば、オシッコをさせたいときにいつもと同じアラームを鳴らして犬をトイレサークルに入れます。すると犬はスムーズに排泄を行うことでしょう。飼い主はトイレににおいを残さないよう、糞尿の後始末をササッと済ませて外出すればいいのです。

この方法で徐々にアラーム音=排泄と条件付けをしていくのです。これは飼い主の求める動作を自発的にさせる立派な訓練法です。

外出前だけでなく、散歩前にもこの方法で排泄を済ませておけば、散歩中に糞尿の後始末で困ることもなくなります。犬と一緒に車で出かけるときも、この方法があれば安心です。車に乗り込む前に「ジリジリジリ」「ピピピピ」とすればいいのですから。これで、いつも頭を悩ませている外出前の問題が、こんなにも簡単な方法で解消できるのです。

アラーム音＝オシッコの条件付けをすれば、外出前に排泄物の処理がスムーズにできて便利

長時間の留守番にも限度がいざというときのために愛犬のサポーターを探しておこう

家族全員が日中働いている家庭の場合、例えば朝8時から夜6時まで、10時間もの間、犬は家で留守番を強いられます。こんなにも長時間、犬を独りにさせておくのはいい状態とはいえません。そこでここでは、少しでも犬のストレスが軽減できるような環境づくりを一緒に考えていきたいと思います。

野生のオオカミの場合、母オオカミは出産後に群れの中からベビーシッター役のメスを2頭決めます。育児は母オオカミとそのメス2頭で行われるのです。生後4、5カ月くらいまでは、子が独りぼっちにならないように3頭が交代で面倒を見ます。母オオカミが狩りに出ている間は、ベビーシッター役のメスがお守りをする、といった具合です。

しかしひとり暮らしや共働き家庭が子犬を飼い始めた場合、最悪のケースなら飼った次の日からその子犬は何時間も独りでお留守番することになるでしょう。これは、野生の子犬とは全く異なる状況。犬にとっては非常に厳しいことなのです。

ではいったいどうしたらよいのでしょうか。解決策は人の手を借りること、サポーターをつくることです。留守中の犬の食事や排泄の世話をお願いできるサポーターがいると、それだけで留守番犬のストレスは大幅に軽減されます。また、サポーターの存在は犬のストレスを格段に減らしてくれますが、飼い主のストレスも同じように軽くしてくれるはず。友人や知人、犬を通じて知り合った人など、サポーターは多ければ多いほど心強いものです。「お願いできる人がいない！」という方は、ペットシッターに頼むのも手です。小型犬の場合、個体差はありますが特に生後10カ月くらいまでは、サポーターやペットシッターにお願いして万全の体制を整えておきましょう。また、近所のサポーターに預かってもらうのもひとつの方法です。

長時間の外出時には、サポーターやペットシッターに連絡を入れ、万全の体制を整えましょう。これを忘れないでください。子犬の場合は特に、長時間独りきりにするのは極力避けるようにしましょう。

愛情たっぷりの別れの挨拶は犬にとって「魔の挨拶」だった

かわいい愛犬としばしのお別れのとき。「出かけてくるね。おりこうにお留守番してるのよ」と愛情たっぷりの別れの挨拶をし、後ろ髪引かれる思いで外出…。

こんなことをしている方、今すぐやめましょう。飼い主が良かれと思ってしているこの行動は、実は犬を不安にさせる「魔の挨拶」となっているからです。

飼い主が別れの挨拶をすることで、犬はその場の雰囲気から「これから独りぼっちになるんだ…」と察知します。飼い主に置き去りにされ、これからつらい時間を過ごさなくてはいけないと思うのです。犬にとってはストレス以外のなにものでもありません。こういった精神状態を「分離不安」と言います。

私の知っている飼い主も、外出時にはいつも玄関で「ちょっと出かけてくるわね。

おとなしく待てる犬は
外出前の飼い主の対応が違う！

すぐに帰ってくるから待ってってね」と話しかけていました。当然、犬には「すぐ帰ってくる」なんていう飼い主の言葉がわかるはずがありません。その後の状況を部屋の中に設置したカメラで観察していると、犬は不安そうに玄関と部屋の間を何度も往復。飼い主が帰ってくるまでずっとこの状態でした。

分離不安が強まると、眠れなくなってしまったり、あるいは柱やソファの足をかじったりする破壊行動、ムダ吠えなどのさまざまな問題行動を引き起こします。

外出時は、犬に知らせることなくさりげなく出かける。これが鉄則です。

また、分離不安はなにも外出時に限ったことではありません。散歩中、犬をお店前のポールなどにつないでおいたまま買い物をしたことはありませんか？　こんなときも、「ちょっと買い物してくるから、いい子で待っててね」なんて言っていたのではNG。店の前につながれている犬が、不安そうな顔をしながら飼い主を待っている姿を見たことがあるでしょう。これも分離不安の症状なのです。

留守番は、飼い主の仕事の関係でしかたない面もあります。しかし散歩中の買い物は、避けようと思えば避けられるはずです。散歩と犬の排泄を切り離しているのと同じように、犬の散歩と飼い主の買い物も同時には行わないようにしてください。

犬だって車酔いをします だけどへっちゃら、車嫌いを克服するには

「お正月やお盆には本当は犬も一緒に車で帰省したいんだけど、うちの子は車酔いがひどくて…」とお悩みの方、喜んでください。車が苦手な犬も長時間ドライブが可能になる方法があるのです。

本来、社会化期のうちに車馴致は済ませておくべきですが、車嫌いな成犬を持つ飼い主には耳の痛い話です。成犬には、次の方法で根気強く慣らしていく必要があります。

まずは犬をハウスに入れ、止まっている車の中においておきます。最初は窓を全開にして短時間。慣れてきたら、少しずつ時間をのばしていき、窓も完全に閉めてみます。止まっている車に拒絶反応を示さなくなったら、いよいよ車を動かします。短い距離からスタートし、徐々に走行距離を伸ばしていきましょう。面倒なように感じるかもしれませんが、急がば回れ。時間をかけて慣らしてあげてください。これで長時間のド

いきなり長時間のドライブはNG！
時間をかけて少しずつ慣らそう

窓全開で
短時間
窓を閉めていき
時間をのばして…
車を
動かしてみる

ライブも可能になることでしょう。

先ほど、「犬をハウスに入れ…」と言いました。これは車馴致の時期だけの話ではありません。

車の窓から外へ身を乗り出している犬をよく目にします。しかしこれは非常に危険。私が知っているシェルティーは、身を乗り出しすぎて外に落ちてしまったそうです。のろのろ運転だったのでケガはありませんでしたが、これが高速での走行中だったらそれこそ一大事です。

また窓を閉めていたとしても、車の中で犬が自由にしていたのでは急ブレーキのときに前に飛ばされ、フロントガラスに激突！　なんてことも考えられます。人間はシートベルトで身を守ることができますが、犬の場合は不可能です。ですから、車に乗せる際もハウスを活用することをおすすめします。

ハウスは助手席か後部座席の足元に。もし足元におけなければ、後部座席に安定させておきましょう。犬の安全のためにもドライブ時もハウスを利用してください。

魔法の法則
第5章

外出中の「困った」を一気に解決！
藤井流・留守番上手犬への近道

初めから長時間の留守番は犬にだって難しい！

習性の面から考えても、犬を長時間独りきりにさせるのはいいとは言えません。しかし飼い主の仕事などの都合で、しかたがないこともあります。犬のことを思うなら、少しでも犬がさびしくならないような工夫をしたいものです。

仕事を抱えているひとり暮らしや共働き家庭では、犬を飼った翌日から長時間犬に留守番させるということもあるでしょう。サポーターに協力してもらったとしても、犬が独りになる時間はどうしても生じてしまいます。本来は留守番をストレスと感じなくなるよう、段階的に慣らしていかなければいけないのです。

外出の準備をしながら、「そろそろ出かけるからおりこうにしているのよ」と話しかけるのは、別れの挨拶同様にNGの行動です。犬を無視しながらササッと外出準備

最初は5分。次は10分、30分、1時間…。少しずつ留守番時間を延ばせば、犬も「必ず帰ってくる」と安心して留守番できるのです

を行いましょう。

そしていざ外出。しかし始めのうちは、5分ほどで帰ってくるようにします。帰宅しても、しばらくの間は犬を無視してください。

次は外出時間を10分、30分、1時間、3時間…と徐々に長くしていきましょう。飼い主が必ず帰ってくるとわかれば、長時間独りきりになっても「きっとまた帰ってくる」と安心して犬は留守番できるようになるのです。犬がストレスのない生活を送るためには、飼い主も犬がその状況に慣れるまで努力をしなくてはいけないということを頭に入れておきたいものです。

近隣住民から「昼間にムダ吠えがうるさい」とクレームが！さて、あなたならどうする？

昼間、仕事で家を空けていて、その間は犬に留守番をさせていました。するとある日、近所の人から「お宅のワンちゃん、昼間によく吠えて困るのよね」とクレームが。さあ大変です。このまま犬が吠え続けてしまったら、近所付き合いも難しくなってしまうことでしょう。一刻も早く、解決策を考えなくてはなりません。

犬が吠えるという行為は、なんらかのストレスを抱えていると考えて間違いありません。では、留守中に吠える犬にはどんなストレスがあるのでしょうか。

考えられるのは分離不安です。家を出るときに、「会社に行ってくるね。さびしいけど、いい子でお留守番しててね」などと別れの挨拶をしていませんか？　この行為は犬にとって、分離不安というストレスを呼ぶ悪の根源です。

分離不安によって生じる犬の問題行動はさまざまですが、そのひとつがムダ吠えなのです。

家に帰ってきてカギを開けているとき、部屋の中からワンワン！　という声がしませんか？　「やっと帰ってきた！　早く中に入ってきてよ！」と犬は言っているのです。これも分離不安の症状。こんな犬なら、飼い主の留守中も外で物音がすると吠えていることでしょう。解決のためには、今すぐ別れの挨拶をやめることです。また、昼間独りでも快適に留守番できるよう、ハウスの中で過ごすことにきちんと慣れさせておく必要があります。

分離不安はエスカレートすると、飼い主が予想だにしなかったような結果を招いてしまいます。同じ部分、例えば足ばかりを舐めて、毛が茶色く変色。そのうちその部分の毛が抜け落ち、ひどい場合は皮膚が破れて骨まで見えてしまうような犬もいました。これも分離不安によるストレス行動です。

飼い主が「吠えちゃダメ！」、「舐めてはいけない！」と言ってもムダ。まずは飼い主自身に問題行動がなかったかを考えるべきです。犬の問題行動の原因は、飼い主の問題行動にあるのですから。

ソファや座布団、家具がボロボロに犬が破壊行動をするのはどうしてか？

留守番時の犬の破壊行動は
飼い主の別れの挨拶が原因！

留守中に、犬がソファやテーブルの脚、座布団や布団をかじっていたということはありませんか？　またその理由を考えたことがありますか？　「なぜ」と思う前に「コラ！」と大声で叱ったり、手をあげたりした飼い主が大半でしょう。

犬の問題行動に対し、その場しのぎの対応をしていてはいけません。根本的なところから改善していかなければ、問題行動は直らないのです。

家具をかんでしまう破壊行動を、一時的に解消する方法はあります。市販されている苦味の非常に強いスプレーなどを犬がかむところに塗っておけば、その場所はかまなくなるでしょう。しかしそこをかまなくても、また違う場所をかみます。飼い主はその場所にもクスリを塗らなければならなくなり、いたちごっこです。

かむという行為は、ストレスが原因と認識しておきましょう。ストレスが爆発状態になると、苦い味がしてもお構いなしでかんでしまうかもしれません。では一体、何に対してそんなに強いストレスを感じているのでしょうか。

その答えは、別れ際の飼い主の対応です。外出時の犬への話しかけが分離不安を呼び、破壊行動になっているのです。

犬は群れの中で生きてきた動物です。それがひとり暮らしや共働き家庭では、たびたび独りきりを強いられます。犬にとってつらい状況であることは、考えればすぐにわかることです。そのつらさが、別れの挨拶によってより強くなるのです。留守中の問題行動の多くは、分離不安が原因。別れの挨拶さえやめてしまえば、さまざまな問題が解消されていくのです。

あっちにオシッコ、こっちにウンチ…留守番中のそそうを解決する魔法！

　留守中の心配ごとのひとつといえば、排泄の問題です。これまで畳の上やカーペットの上でそそうをしてしまい、げんなりした…ということはありませんでしたか？犬はハウスで飼うことをおすすめしてきましたが、飼い主の留守中にハウス以外の場所でそそうをするということは、まだ放し飼いをしているということ。ただちに放し飼いをやめて、ハウスなりケージに入れて外出するようにしましょう。

　しかしこれで排泄の問題がクリアされたわけではありません。犬は習性の面から考えても、ハウス内で排泄することはほぼないからです。ということは、飼い主が帰ってくるまでの何時間もの間、排泄を我慢することになるのです。

　私は以前、生後2カ月の子犬をやむをえない事情から夜の7時から朝の7時まで、

12時間にもわたって排泄を我慢させたことがありました。しかし、留守番犬の場合、こんなことが毎日のように起こることもあるのです。排泄を我慢させるなど、毎日するべきことではありません。当然、犬の体にいいわけがないのですから。

そこで大切になってくるのがサポーターの存在です。飼い主に代わって排泄などの世話をしてくれるサポーター、もしくはペットシッターはひとり暮らしの方や共働きの方が犬を飼う場合は必要です。

しかしサポーターにお願いするといっても、そう頻繁には来てもらえないでしょう。ここでもハウスで飼うことが役立ちます。

犬は歩行などの運動によって、利尿作用が起こって排泄をします。つまり放し飼いにしているとウロウロと歩き回るので、必然的に排泄の回数が増えてしまうのです。ハウスやケージの中で留守番させることで、排泄回数は少なくなります。犬に我慢を強いることもなくなるのです。

そそうの解決には放し飼いをやめること。長時間外出するときの排泄の問題解決にはサポーターを作ること。これで犬はまた少し、留守番中のストレスから解放されるのです。

犬にゴミ箱あさりを止めさせるのは意外と簡単。でも本当に大変なのは…？

家に帰ると、ゴミ箱に入れておいたはずのゴミが部屋中に散乱！　多頭飼いの家庭なら、その荒れ様もすさまじいものがあるでしょう。どうしたらこういったトラブルを回避できるのでしょうか。

答えはシンプル。放し飼いをやめて、ハウスに入れておけばいいのです。しかし解決法は簡単だとしても、そこに至るまでの飼い主の意識改革が難しいようです。

私はほかの章でも「放し飼いはおすすめできません」と言ってきました。にもかかわらず、「だってあんな狭いところに閉じ込めるなんてかわいそうじゃない…」と思っている飼い主はまだいることでしょう。

「かわいそうだから放し飼い」で、本当にかわいそうな思いをするのは犬自身だと

放し飼い＝家全体がテリトリー

小さな体で守るには広すぎ
相当なストレスがかかります

いうことを知ってください。家の中で放し飼いをしていると、犬は家全体を自分のテリトリーと考えます。小さな体で家全体を守らないといけないなんて、相当なストレスだと思いませんか？　犬のために良かれと思ってしていることが、実はストレスの原因なのです。

「うちの犬は本当にダメな子で…」と言うのも間違っています。「ダメな犬」になったのは、飼い主がきちんと犬の習性を理解せず、誤った対応をしているから。飼い主が犬のことをわかってあげれば、犬はどんどんおりこうになっていくのです。

飼い主も犬もストレスフリー エサの与え方にもコツがある

「そろそろエサをあげる時間だわ」といそいそと帰宅する飼い主はご注意を！　そんな犬への配慮は無用なばかりか、よからぬ結果をもたらすことになります。

例えば犬のエサを毎日夜の6時にあげていたとします。犬は時間の感覚に優れた動物ですから、1日のサイクルをきちんと理解しています。ですから「毎日夜6時のごはん」を繰り返していると、今度は犬のほうから「まだエサをもらってないぞ！」と言わんばかりにワンワンと吠えて催促するようになるのです。ここで「あらあら、忘れてしまっていてごめんね」とエサを与えていたのでは、犬はボス的な存在へと成り上がっていきます。

犬が飼い主より上の立場に立ってしまった家庭で、こんな信じられないような話がありました。

ある家庭では電話が鳴った際、子どもは「お母さん、電話だよ」と、お父さんは「オイッ、電話だぞ」とお母さんを呼んでいました。電話はお母さん任せになっていて、ほかの家族は一切電話を取らなかったそうです。するとある日、電話が鳴ったときに犬がお母さんをガブッとかんだそう。これが何を意味するかわかりますか？

犬は、「電話が鳴ると子どもやお父さんがお母さんを呼ぶ」という光景をずっと見てきました。そこで今度は犬自身も、電話が鳴ったときにかんでお母さんを呼び立てたのです。家族が呼ぶとお母さんが来る。犬はこういった一連の流れから、子どもやお父さんよりお母さんが下の立場だと読み取りました。

そしてついには、自分自身もお母さんより上の順位に位置付けてしまったのです。

この実例を読んで、「うちの犬がこんな風になるわけないじゃない」と笑っている方もいるかもしれません。しかし犬に吠えられてエサを与える飼い主は、犬に見下されているという点において、電話が鳴ると犬にかまれる母親と同じです。

犬のエサ催促には応じないこと。そして催促防止には、エサの時間を不規則にすることです。今日が夜の6時なら、明日は10時、明後日は7時半…といった具合です。

「今日は残業で遅いから、エサの時間は遅くなりそう」でもOKなのです。外出がちな飼い主には、好都合なしつけのはずです。そして、それによって時間がきたからといっても、犬はエサを催促することはなくなります。飼い主もエサの時間に縛られることがなくなるのです。実に一石二鳥な方法だと思いませんか？

ベストは「1日1回」「1日3回の食事」は犬に不幸を呼ぶ

成犬とってベストな食事回数は1日1回です。もし、「人間は1日に3食なんだから」と犬にも1日3回エサを与えていたらどうなるでしょう。エサの与えすぎは、肥満の問題だけではないのです。

朝の食事のとき、「別に今急いで食べなくても、どうせ昼にも夜にも出てくるんだから」とノロノロと食事をしたり、まったく口をつけなかったりすることも出てきます。また、エサの内容をこまめに変えている家庭なら、「朝の食事はあんまりおいしくないから、夕食のときまで待とう」というように、どんどん犬はわがままになっていきます。

1日1回の食事だと、その食事を逃すと次の日まで空腹を満たせなくなります。犬は「今食べなくちゃ！」ときっちりと食事をすることでしょう。

帰宅時に1日1回のエサを与えるようにすれば、サポーターには日中のエサのお願いはしなくて済みます。

さらには、1日1食によってこんなメリットも。排便量は食事量に比例します。つまり1日3食より1食のほうが排便の回数が少なくなり、飼い主の手間軽減につながるのです。

しかしここで注意が必要です。1日1食は成犬のお話。生後2カ月ごろまでは、食事は1日3回与えましょう。生後3、4カ月を過ぎたら1日2食で構いませんが、そのころまではドライのドッグフードにお湯を注いでふやかし、消化しやすい状態にしてあげるといいでしょう。小型犬の場合は10カ月から1年で成犬へと成長するので、その時点で1日1食に切り替えましょう。

遊びも信頼関係を築く重要な要素
遊び方ひとつで変わる、飼い主と犬との関係

おもちゃを使っての犬との遊びは、実は正しい方法を取らないと飼い主と犬との主従関係が崩れてしまうことも。「遊びに正解もなにもないだろう！」とお思いの方は特に必読です。

遊びは、飼い主と犬との主従関係を築く上で、非常に重要です。言い換えると、遊び方次第で犬はボス的な存在になってしまうということです。

例えば犬とボールで一緒に遊んでいたとします。飼い主が投げたボールを犬が追いかけ、くわえて飼い主の元へ帰ってくる。「さあボールをちょうだい」と飼い主が手を差し出しても、なかなかボールを渡さないことはありませんか？　それどころか、無理矢理ボールを取ろうとするとうなって威嚇するという話もよく聞きます。

だからといって、「もう、しかたないわねえ」とボールを与えっぱなしにしていてはいけません。犬は遊びの中でも力の強弱を探っているのです。

ボールを与えっぱなしにしておくということは、飼い主が犬にボールを譲ったということになるのです。ここで犬は、「飼い主よりオレのほうが偉いんだ！」と考えます。飼い主と犬の立場は逆転し、犬の権勢本能は高まっていくことでしょう。

例えとしてボールを挙げましたが、ボールに限らずおもちゃも与えたままにしておかないでください。遊びが終わったら、飼い主がおもちゃを取り上げなければいけないのです。

ただし、犬が独りで遊ぶとき

飼い主主導の遊びで正しい主従関係が築ける

のおもちゃは別です。独り遊び用おもちゃをずっと与えておくことは問題はなく、注意すべきは飼い主と犬が一緒に遊ぶときなのです。

犬専用のおもちゃと飼い主が犬と一緒に遊ぶとき用のおもちゃは、必ず別のものにしましょう。そして、犬と一緒に遊んだおもちゃは遊び終わったら飼い主が回収し、「やっぱり飼い主の方が強いんだな…」と犬に自覚させましょう。たとえ「もっと遊んでほしいな」と甘えてきたとしても、無視してください。ここで甘やかしてはいけません。

「遊びはあくまでも飼い主主導で行う」、これによって飼い主上位の主従関係を示すことができるのです。

私は小型犬を5頭飼っていますが、おもちゃだけでなく遊ぶ場所にも気を付けています。遊ぶときは外で、と徹底しているのです。このあたりをあいまいにすると、そのうち遊びのときでなくとも家の中でも暴れまわるようになります。

遊びも犬にとっては大切な勉強の場。飼い主もそのことを理解し、正しい遊び方をするよう心掛けてください。

魔法の法則
第6章

「ただいま!」のあとの
アメとムチが愛犬を賢くする!

熱烈なお出迎えはうれしいけれど賢い飼い主なら愛犬を無視！

帰宅時に「おかえり！」と飛びついてきた犬に、「ゴメンねぇ〜。独りでお留守番していい子ね！」とナデナデ。

外出時に別れの挨拶をしている飼い主が多いのと同様に、家に帰ってきたときに犬が熱烈なお出迎えをし、それにこたえて「再会の挨拶」をしている方が多いと思います。しかし、これも犬にとっては酷な状況。

再会の挨拶を続けていると、犬が独りで留守番をしているときに少しでも玄関先に人の気配がするとソワソワしてしまうのです。ドアが開こうものならワンワンと吠えて大興奮。人の出入りに過敏な犬になってしまうのです。

帰ってきた飼い主を犬がハイテンションな状態で出迎えてきたら、興奮が冷めるま

帰宅してしばらくは無視することで、留守番時のさびしさを軽減

では無視しましょう。「独りでお留守番していたのにかわいそうじゃない…」なんていう考えは、グッと抑えてください。

飼い主が犬のお出迎えに付き合っていたら、犬の気持ちは飼い主がいる、いないで大きく変化するようになります。通常よりハイな状態で飼い主を迎えている分、独りでいる時間のさびしさはより強いものへと変わります。つまり、独りでのお留守番が一層つらい時間になるのです。

再会の挨拶は別れの挨拶同様、分離不安を育てる要因です。改善しないとストレスが大きくなり、犬はさまざま問題行動をとってしまいます。飼い主が「犬がかわいそうだから…」と思ってしていることの多くは、実は犬にかわいそうな思いをさせていると認識してください。

興奮して飼い主にピョンピョン飛びつき癖に有効！即効性のある「足払い術」

私の知っている家庭では、小型犬（オス・日本犬雑種）を飼っていました。その犬も熱烈なお出迎えをしていました。しかし少々度が過ぎるのです。ピョンピョンと飛び跳ねてくるのですが、その跳躍力がすさまじい。大人の顔の高さまで飛んでくるのです。飼い主が部屋の中に入ろうとしても執拗《しつよう》に飛びついてくるため、前に進めない状態が続きました。しかもある日、飛びついてきた犬の頭がお父さんの口に激突。お父さんの前歯が欠けてしまうといった事故まで起きる始末。飼い主家族も、「お出迎えもここまでくるとちょっと…」と悩んでいました。

再会の挨拶は前のページで説明した通り、私は不要論を唱えています。ハイテンションな犬のお出迎えには無視を決め込むことで、徐々に改善されていきます。しかしこの家庭の場合は、飼い主でさえも犬のお出迎えに閉口。すぐにでもこの飛びつきをやめさせなくてはいけない状態でした。

しかし「ダメでしょ！　そんなことをしちゃ」と言って聞かせようとしても、犬に飼い主の意図が通じるはずはありません。そこでおすすめなのが「足払い術」です。

飼い主が帰宅して、犬がうれしそうに飛びついてきました。ここで飼い主は、犬の後ろ足をサッと足で払います。犬はバランスを崩してひっくり返ります。一度足払いしたくらいでは犬は懲《こ》りずに飛び掛ってくることでしょう。しかしこれを数回行ううちに、犬の飛びつきはおさまってくるのです。

ここで注意したいのが、飼い主が足払いをしていると犬がわからないようにすること。犬の顔を見ながらとか、「コラッ！」と叱りながら行うのではなく、飼い主は全く関係のない方向を見ながら足払いするのです。

こうすることで犬は、「飼い主に飛びつくと、ビックリすることが起きるぞ！　これはやっちゃいけないことなんだ」と自覚します。足払い術は、ほかのシーンでも活用できます。例えば、「エサをあげようと食器を持つと飛びついてくる」といったときにも有効な天罰なのです。

口を舐めるのは愛情表現!?
そんな常識は真っ赤なウソ！

飼い主が外出先から帰ってきたとき、熱烈なお出迎えをする犬。ぴょんぴょんと跳ねてまとわりついてきたり、ワンワンと吠えてハイテンションになったりする行動以外に、口をペロペロと舐めてくる犬もいます。出迎え時だけでなく、普段の生活の中でもこういった行動をする犬は少なくないでしょう。しかし、どうして犬が飼い主の口を舐めるのか考えたことはありますか？　「そんなの愛情表現に決まってるじゃない」は間違い。正しい答えは、犬の習性を考えると見えてきます。

野生の犬が巣穴の中で暮らしてきたことは、何度かお話してきました。犬は獲物を狩るため、巣から遠く離れた場所に向かいます。生後間もない子犬には、母犬が調達した食糧を与えます。かといって、獲物をくわえて巣に帰るようなことはしません。

なぜなら、くわえた獲物のにおいが原因で、ほかの動物に食糧を奪われる可能性があるからです。それではどのようにして、巣で待つ子犬に食糧を与えるのでしょうか。
母犬は子犬たちの分まで食べだめをします。巣に帰ると、子犬は母犬の口をペロペロと舐め、舌を母犬の口の中に入れていきます。そうすると母犬は食べだめした食糧を吐き出し、子犬たちに与えます。つまり子犬が母親の口を舐めているのは、「ごはんをちょうだい」と言っているのと同じこと。母犬はそれによって刺激され、食糧を吐くのです。

飼い犬が人の口を舐めるのも同じことです。野生の犬と飼い犬とでは取り巻く環境は異なりますが、習性は変わりません。つまり飼い犬もエサを催促して、口を舐めているだけのこと。愛情表現ではないのです。

子犬の時期は特に注意が必要で、かわいいからと「いい子、いい子」となでて対応していると、口を舐める行為が習慣化します。エサをもらえないとわかったとしても、口を舐めるとほめてもらえると犬は思うようになるのです。

犬が口を舐めてきたら毅然とした態度で「NO!」を示すこと。放置しておくと、犬のわがままが増長していくことだって考えられます。

犬の鼻先をそそうした場所に押しつけてもムダ！　これが正しいそそうの処理

会社から家に帰って犬とご対面。「今日もいい子でお留守番していたんだな」と思いきや、そそうのあとを発見！　あなたはここでどう対応しますか？

犬の鼻をそそうの場所に押し付けて、「こんなところでオシッコしちゃだめでしょ！」と叱りつける。なぜかこんなやり方が「トイレをしつける常識」として広まっているようですが、本当はこんな方法では誤解を招いてしまうのです。

犬は「ここでオシッコをしてはいけない」と理解するのではなく、「オシッコをしたらダメなんだ」と思うようになるのです。

以前、オシッコにまつわるかわいそうな出来事がありました。

ある女性がチワワを飼っていました。その女性は2泊3日の旅行に出かけるために、

そその場所に犬の鼻を押しつけるのはNG。「排泄行為自体がいけないこと」と認識してしまうのです

そのチワワを実家の両親に預けたそうです。そして両親が旅に出る女性を見送って数時間後、チワワは家の中でそそうをしてしまいました。するとお父さんは激怒。犬をバシッと叩き、「どうしてこんなところでオシッコするんだ！」と言いながらそそうの場所に犬の鼻を押し付けたそうです。

その後、チワワはどうなったのでしょう。なんと飼い主が帰るまでの間、排泄をしなかったのです。しかし飼い主の顔を見た途端、大量のオシッコをジャー…。

これこそが、犬が誤解した典型的な例。前述のように排泄行為自体をしてはいけないことだと思い込み、こんなにも長い間我慢していたのです。なんともかわいそうなお話です。

鼻っ面を押し付けないとしても、飼い主はそそうを発見するとたいていの場合は「あ！　こんなところでオシッコしている！」と騒ぎ立てますが、これも実は間違った対応。「そそうをしたら飼い主の気を引けるんだ」と犬は覚えてしまいます。「そそう発見後はすぐさま犬を別の場所に連れて行き、犬から見えないようにして後始末する」が正しい対応法です。

そして重要なのがここから。どうしてそそうをするのか。原因を探り当てないことには、そそうはいつまで経っても直りません。

まず、トイレ以外のところで排泄する原因。それは放し飼いにあります（106ページ参照）。「犬は基本的にハウス（ケージ）に入れて飼う」。これを守れば、そそうの悩みから解消されることでしょう。

そそうは恐怖心を抱いたときや威圧感を感じたとき、さらにはうれしいときにも起こしてしまう場合があります。再会の挨拶で、興奮してピョンピョンと飼い主に飛びついている最中に、チョロチョロとおもらしをしてしまう犬もいることでしょう。これもその例です。

この行為は専門用語では「幼形成熟」と言います。生後間もないころ、子犬は母犬にそけい部を舐めてもらい、その刺激で排泄を行っています。その記憶が蘇ってそそうをしてしまうと考えられています。つまりは刺激によって起きる現象なのです。

このときも対応法は同じ。騒ぎ立てずに無視しましょう。犬をハウスの中や別の部屋に移し、犬に見られないようそそうの処理をします。もし強く叱ってしまったら、犬は怒られているという刺激から、またおもらしをしてしまうかもしれません。犬のそそうを直すには、飼い主の広い心も必要なのです。

食糞行動の改善には飼い主の意識改革がなにより！

家に帰って部屋の中を見渡すと、カーペットの上に糞がコロリ。「こんなところでウンチしちゃって」と思っていると、犬がその糞を食べようとしている…。こういった犬の食糞行動の原因は、大半は飼い主にあるといっていいでしょう。それは食糞が分離不安のストレスから生じる、もしくは飼い主の気を引こうとして起こす行動だからです。

外出するときに、「さびしいだろうけど、おりこうにしていてね。帰ったら一緒に遊んであげるから」と言って出かける飼い主。このように話しかけるのは、犬にとって「これからさびしくなるぞ。独りになるんだぞ」と宣告しているようなものなのです。別れ際に飼い主が話しかけることで独りきりのさびしさが強くなり、留守番が強いストレスとなります。「ただいま！　おとなしくしていたかしら？　おりこうさんね、ヨシヨシ」といった再会の挨拶も犬にとってはマイナス。飼い主に再会したときの喜びが増す分、留守番しているときのさびしさが強くなるからです。

こういった別れ際、再会時の挨拶が影響して犬は分離不安という精神状態に陥り、それが原因でさまざまな問題行動を引き起こします。脱糞や食糞はその一例なのです。

もし、以前にも犬が脱糞し、それを飼い主が強く叱ったことがあったとします。そして再度分離不安から脱糞をしてしまったとき、「このままウンチを放置しておいたらまた飼い主に怒られてしまうかも」と食べて何事もなかったようにしてしまうかもしれません。ですから、そそうには無視が有効なのです。

さらには、飼い主のいる前で食糞行動に出る犬もいます。こういった犬には、人の気を引きたいという思いがあることを知ってください。

食糞しようとしているそのとき、「何してるの！　やめなさい！」と大声で犬の元に駆けつけたことはありませんか？　犬はこれによって何を思うでしょう。「ウンチを食べようとしたら飼い主が構ってくれるんだ！　これからさびしいときはウンチを食べるようにしよう」と考えてしまうのです。

食糞行動を直すにも、やはり分離不安を解消させることが先決です。別れの挨拶、再会の挨拶はここでも悪影響をもたらしているといえます。

しかし子犬の食糞行動の場合、注意すべき点があります。それは食事の量や内容です。食糧事情があまりよくない国々では、犬もいつも満腹とは限りません。空腹を紛らわせるために、犬の糞や人間の糞を食べているといったシーンを見かけることがあります。こういったケースと同様に、子犬の場合も食事と栄養量の少なさから食糞行動に出ることがあります。

人間は「ウンチなんて汚い！」と思います。しかし少なくとも出産を経験した犬なら、尿や糞を口にしたことがあるでしょう。母犬は生後間もない子犬のそけい部を舌で刺激して排泄を促し、排出された尿や糞を舐めてきれいに処理するからです。犬には「糞＝（イコール）不潔」といった考えはありません。

おなかが空いている子犬は、糞にはエサのにおいがついているので、ついつい食べてしまうのです。子犬が食糞行動をやめないときは、食事量と内容も考慮してください。これを放置すると食糞が習慣化し、成犬になっても糞を食べてしまいます。早めに原因を解明し、対処することが肝心です。

大騒ぎするだけやめぬうんこ食い
遊んでくれるの？

ほめる際に有効なおやつの存在

ペットショップを見ていると、さまざまな犬のおやつが売られています。非常にバリエーション豊かで、どれにしようかと迷うほどです。しかし基本的に、犬の食欲は成犬なら1日1回の食事で満たされています。おやつをあげるとエサを残すようになることもあり、犬のわがままを助長させてしまうことにもつながるのです。

しかしおやつは、ときと場合で有効な手段にもなります。それがほめるときです。オテやオスワリなどの服従訓練をしているとき、飼い主の命令に犬が従ったらしっかりとほめてあげます。正しい主従関係が結べていると、犬は「やった！　ほめられたから次もがんばろう！」と思います。ほめ方は「ヨシヨシ」と頭などをなでるだけでもいいのですが、おやつを与えるのも手です。

命令に従ったごほうびにおやつ。むやみに与えるおやつはデメリットがありますが、こういった交換条件で与えるおやつは意味があります。

やってしまいがちな「たたいて叱る」が生む誤解

犬がいたずらをしたときに、「コラッ！」と言いながらたたく。犬を飼っている方なら一度はしたことがあるのではないでしょうか。しかしこの叱り方は効果がないばかりか、犬に間違ったすり込みをしてしまうと知っていますか？

犬がソファをかんで、ボロボロにしてしまったとします。そこでパシッと叩きながら「ソファをかんじゃダメでしょ！」。

これでその犬はどういうふうに思うのでしょう。「なるほど、ソファをかむことは悪いことなんだ。反省しなくちゃ」などと思うわけがありません。犬が覚えているのはたたかれたという事実だけです。たたいた相手に敵対心、もしくは恐怖心を抱きます。前者の場合は、たたいた相手に飛び掛ったり威嚇したり、攻撃的になることも考えられます。後者の場合は、その場では言うことを聞くかもしれませんが、たたいた相手がいないときは再びソファをかむことでしょう。

しかし大声で叱りつけるのも間違った対応です。例えば来客時。ピンポーンとチャイムが鳴っただけでギャンギャンとうるさく吠えてしまい、飼い主は「うるさい！　静かにしなさい‼」と大声で言ったとします。これで吠えるのをやめたことがありますか？　犬にとっては「その調子！　もっと吠えて‼」という声援に聞こえることでしょう。飼い主が大声で怒鳴れば怒鳴るほど犬もヒートアップ。ますます激しく吠えてしまうのです。

つまり、悪いことをしているときにたたくことも大声で怒鳴ることも、犬にとってはまったく効果がありません。このような叱り方では、いたずらは激しくなるばかりといえます。

ではどのようにして叱ればいいのでしょうか。

ここで登場するのが「天罰法」です。79ページで、「散歩中の拾い食いには、リードを引っ張って首の辺りに不快感を与える」と説明しました。これは、「道に落ちているものを食べる→首に不快な感じがする天罰が下る」とすり込んでいるのです。１２０ページで紹介した飛びつきの際に後ろ足を払うといった行動もまさしく天罰法。こういった天罰を与えるとき、その行為を飼い主が行っていると犬に察知されてはいけません。あくまでも明後日の方向を見ながら行い、「天罰」だと思わせるのです。

上手な「天罰」が問題行動を改善する

イヤーン
拾い食いしようとしたら…
リードを引っ張り首に不快感を与える
イヤーン
飛びつきをしようとしたら…
後ろ足を払う

「怒る時は目を見て言い聞かせているの」という方もいますが、目を見て向き合うというのは犬にとっては対決のポーズ。叱っている途中に威嚇されたり、たびたびたたいている飼い主には、「たたかれる前に攻撃しなくちゃ！」とかみ付いてくるかもしれません。そんな事態を避けるためにも天罰法があるのです。しかしながら、実は主従関係さえ築けていれば、この天罰法も必要はないのです。飼い主が「ダメ」と言えば、犬はすぐにその行為をやめます。もちろんこの場合も言葉の意味を理解しているのではなく、犬は音感や語調で判断しています。ですから、「犬に言い聞かせる」といった行為はムダなのです。

ひと言にいたずらといってもさまざまです。天罰法以外に「無視」が有効な場合もあります。例えば食糞行動。これは飼い主の気を引こうとしているケースが大半で、こういった場合は騒ぎ立てるのではなく、無視をするといいでしょう。大声で叱ったり、「どうしてこんなことをするの!?」と構えば構うほど、犬はボス的な存在になってしまいます。正しい叱り方とは、天罰を与えることと無視すること、ということを覚えておきましょう。

魔法の法則 第7章

誰も教えてくれない 突然の外泊と 長期出張・長期旅行の対処

急に外泊することに！「1泊くらい…」が招く愛犬の不幸

ペットシッターやサポーターが大勢いて、留守番中も万全の体制を整えていたとします。しかしある日、昼間だけでなく一晩中家を空けることになってしまいました。こんなときはどうしたらいいのでしょうか。

答えは、「たとえ1泊でも友人宅やドッグホテルに預けましょう」。

犬は、必ず飼い主は家に帰ってくると思っています。ペットシッターやサポーターがいれば、排泄や食事の問題はクリアできるでしょう。しかし、飼い主を待ちわびている犬の心理面はどうでしょうか。

ペットシッターやサポーターがいくら親身になって世話をしてくれたとしても、飼い主を心待ちにしている犬の心の隙間を埋めることはできません。その点をよく理解し

飼い主にとっては「たった一晩」
でも、犬にとっては「一晩も」。
一晩家を空ける場合は、ドッグ
ホテルや友人宅に預けよう

てください。

一晩であっても飼い主が家を空けたとしたら、犬の分離不安は強まっていきます。それが原因となって、ムダ吠えや脱糞、食糞、破壊行動といったさまざまな問題行動を引き起こしていきます。飼い主は「たった一晩」と思っていても、犬にとっては「一晩も」なのです。

夜間家を空ける際は、必ずドッグホテルに預けるか、もしくは知人や友人の家にお願いして預かってもらいましょう。これを徹底するようにしてください。

愛犬も飼い主も後悔しないための ドッグホテル選びと 目からウロコの利用法

外泊する場合、ドッグホテルもしくは友人や知人宅に預けるといった方法があります。ここではドッグホテルをはじめペットショップ、動物病院に預ける際のポイントについて解説しましょう。

「今までちゃんとトイレができていたのに、ホテルから帰ってきたらそそうをするようになった」という話をよく聞きますが、その原因は預かり先の体制にあります。ドッグホテルやペットショップ、動物病院は、ハウスとトイレが一緒になっているところが多いようです。ハウス内にペットシーツや新聞紙を敷き、犬が排泄をしたら処理をするといった具合です。これでは、せっかく自宅でハウスとトイレを別々にしてきちんとトイレのしつけができていても、台なしになってしまいます。

こういったトラブルを回避するためにも、ホテル選びは慎重に行いましょう。何軒かリサーチする覚悟で選んでいくべきです。選ぶ際のポイントはトイレタイム。排泄のために、ハウスから出してトイレサークルに入れているのか。もしくは散歩に連れ出してくれるのか。店側にはこの点を質問してください。面倒かもしれませんが、苦労して探すことでせっかくのしつけが台なしになることもありませんし、次回からはそこに預ければいいのですから、毎回探す手間も省けます。

さて、よいホテルを見つけることができたとします。初めて預ける場合、何に注意すればいいのでしょうか。

少しでも環境の変化を少なくするために、可能ならばいつも使っているハウスごと預けてみましょう。犬にとって住み慣れたハウスを使うことで、ストレスは軽減できることでしょう。

犬によってはホテルに連れて行くと、途端にエサを食べなくなってしまうケースもあります。これは間違いなく社会化不足によるもの。子犬を飼っているのなら、幼いうちからホテルの馴致を行っておくことをおすすめします。

「うちは犬をおいて旅行に出かけることなんてないから」と言っている方も考えて

みてください。犬との生活は1年や2年ではありません。10年、15年と生活をともにするのです。その間には、どうしても家を空けなくてはならないような、やむを得ないケースも出てくることでしょう。

私の訓練所でも犬を預かることはあります。しかし「12歳の犬なんですが、預けるのは初めてで…。お願いできますか?」と言われたならば、正直躊躇《ちゅうちょ》します。老犬になると、環境変化に対する順応性は子犬や若い犬ほどありません。精神的なストレスから食事を受け付けなくなったり、下痢や嘔吐を繰り返したり、それによって抵抗力が低下して、病気にかかってしまうことだってあります。何が起こるかわからないので、初めて外泊する老犬の場合は断るケースもあります。

ほかのドッグホテルでも同じことが考えられます。緊急時にどこも預かってくれないのでは飼い主も困ることでしょう。ですから先のことを見越して、できるなら子犬の時期からドッグホテルや友人・知人宅への外泊を慣れさせておいてほしいのです。

基本的にエサはホテルが用意してくれますが、もしどうしても心配ならば、普段与えているエサを持参してもいいでしょう。エサをふやかして与えているのならば、その旨もスタッフに伝えておきます。同時に、身体の調子が悪いときなどは健康状態も説明しておきます。念のため、緊急連絡先も忘れずに。

ほかの章で「食事の時間は不規則に」と説明しましたが、依然として時間を決めてエサを与えている方は、その時間も伝えておきましょう。さらには、稀《まれ》にトイレ時間を決めている飼い主もいます。そんな場合はトイレの時間も伝えておかねばなりません。犬は「今日はホテルだからいつもと同じ時間にはトイレに行けないな」などと理解してくれません。いつも通り排泄できないことが、ストレスの原因にもなるのです。

「仕方ないけれど、ホテルに預けるのはやっぱりかわいそうよね」と思っている方にひとつ、お教えします。

ドッグホテルやペットショップ、動物病院の場合、1頭しか預からないということはまずありません。同時にほかにも何頭か預かっているところがほとんどだと思います。夜間になればスタッフは店からいなくなりますが、預けた犬の周囲にはほかの犬たちもいるわけです。犬は独りきりにならなくて済み、これは分離不安を防ぐためにもいい環境といえるのです。

預ける際の飼い主の義務は、よいホテルを見つけること。ここに細心の注意を払うようにしてください。

知人・友人宅に預ける際の注意しておきたいポイント

外泊する際、ドッグホテルやペットショップ以外に知人や友人宅に預ける方も多いでしょう。いつもお願いしているサポーターに預けるのもひとつの手です。しかしこの場合もやはり注意しなくてはいけない項目があります。

まず預ける際は、いつも使っているハウス持参でうかがいましょう。ドッグホテルの場合は慣れない最初のうちだけでも構いませんが、一般家庭ではハウスを常備しているところは少ないと思います。預け先に迷惑がかからないよう、ハウスごと預けるようにしましょう。また預け先が犬を飼っていない家庭ならば、エサを持って行くことも忘れずに。

ここで問題なのが、犬を飼っている友人や知人宅に犬馴致を済ませてないまま預け

一般家庭に預ける場合は、ハウスやエサ
持参でお願いしよう

るケース。ドッグホテルは犬ごとにハウスが与えられているので、ほかの犬と接触する機会は少なく、さほどトラブルはありません。しかし犬がいる一般家庭、しかもそこでは放し飼いをしていたらどうなるでしょう。ウゥ〜！　と威嚇したり、もしくはおびえてそそうをしてしまったり…。こんなことになっては先方にも迷惑がかかります。預ける際には「ほかの犬と接触しないようにしてください」とお願いしておきましょう。

しかしこれも社会化期のうちに犬馴致を済ませておいたり、飼い主とともに友人宅へのお泊りを経験させたりしておけば、防げるトラブルです。

また気をつけたいのが夜間。ドッグホテルやペットショップの場合は周囲にほかの犬がいるので、独りきりになることはありません。しかし一般家庭では、ハウスと家族の寝室が離れている場合もあるので分離不安になる可能性もあります。そこで預け先の人には、「夜寝るときは、人の気配がする場所にハウスを置くようにしてください」と伝えておきましょう。

ほかにもドッグホテルに預けるとき同様、トイレや食事の時間が決まっていればその旨を、また緊急の連絡先も伝えておくのもマナーです。

効き目速攻&抜群！預け先でのムダ吠えを止める裏ワザ

慣れない環境のせいで、預かってもらった友人宅でワンワンとムダ吠え。これでは善意で預かってくれた友人にも、果てはそのご近所にまで迷惑がかかってしまいます。少しでもムダ吠えの不安がある場合は、次に説明する2種類のアイテムを用意することをおすすめします。

ひとつ目のアイテムは「お酢スプレー」。お酢を水で半分くらいの濃度に薄め、霧吹きの中に入れただけのシンプルなものです。そしてこれを預け先の方に渡しておき、「吠えたらこのスプレーを吹きかけてください」と言っておきましょう。

お酢のスプレーがどうしてムダ吠えに効くのか。それは犬が並外れた嗅覚の持ち主だからです。お酢のにおいは犬にとっては強烈なので、途端にムダ吠えが止まります。

ただしこのとき、犬を見ながらスプレーしてはいけません。「誰がしているかわからないように、明後日の方向を見ながらスプレーしてください」と伝えましょう。

ふたつ目のアイテムは「フラワーエッセンス」。これは野生の花や草木から作られたエッセンスで、さまざまな種類があります。これは動物病院などで取り扱っています。もし預かってもらっている家で、「ずっと吠えていて困る！」という事態に陥ったら、水やエサにこのフラワーエッセンスを4、5滴混ぜてもらいましょう。

人間がアロマオイルの香りでリラックスするのと同じように、犬にもイライラを抑える精神安定剤代わりとなるのです。

食べ物に混ぜるのはちょっと抵抗が…という場合は、このフラワーエッセンスをミネラルウォーターで薄め、霧吹きに入れて渡しておきましょう。「イライラしているのかな」と感じたら、フラワーエッセンスをスプレーしてもらいます。

お酢スプレーもフラワーエッセンスも、使い方は難しいものではありません。飼っている犬にムダ吠えの傾向があるのならば、預かってもらっている間、先方で迷惑をかけないよう、こういったアイテムを用意しておくのも飼い主としての当然の配慮だと思いませんか？

不在日数が長ければ長いほど久々の再会時は数日間犬を無視

私は競技会などで海外に行くことも多く、自宅を数週間にわたって空けることがあります。自宅では5頭の小型犬を飼っていますが、長期出張したときは、帰宅してもすぐには彼らと接触を持ちません。犬と長期間離れていた場合は再会の挨拶をしないだけでなく、1、2日は犬を無視するのです。

長期間外出したとき、犬は飼い主との再会を大喜びすることでしょう。しかしここで犬に付き合っていてはいけません。こたえてしまうと犬の精神状態が大きく変化してしまい、分離不安を強めてしまうからです。再会の挨拶は不要。長期外出から戻ったときは、1、2日は犬と接触を持たない。これが犬をストレスから解放してあげる方法なのです。

犬のケア★その1
こまめな爪切りは飼い主の役目

犬の爪には血管が通っています。この血管があるがために、「怖くて犬の爪を切れない」という飼い主は多くいます。しかし、やり方さえマスターすれば簡単なもの。いちいちペットショップに出かけなくても、自宅で切れるようになります。

まず犬の爪を見てください。白い爪の場合、血管が透けて見えるはずです。爪を見ながら、血管を傷つけないように注意して切りましょう。黒い爪の犬は血管が見えないため、どこまで切ればいいのか分からないと思います。この場合は、少しずつ様子を見ながら切っていけばいいのです。その位置を覚えておけば、次からは犬が吠えたり出血したりすることもないでしょう。

爪を切る頻度は、飼っている状況によって変わってきます。散歩中に飼い主を引っ張るような犬は、道路で爪が削れてなかなか伸びないでしょうし、室内犬で散歩の回数が少ない場合は伸びるのが早いでしょう。

もし母乳を飲んでいる子犬が家庭にいた場合は、注意が必要です。母乳を飲む際に爪が長いと母犬の乳部を傷つけてしまい、母犬は授乳を嫌がってしまうからです。子犬の時期は特に爪が早く伸びます。タッチングも兼ねて、爪の長さをたびたびチェックしてあげましょう。

爪を伸ばしておくと血管も伸びていきます。短く切りたくても血管が邪魔して切れなくなるのです。それを防ぐためにも、「爪はこまめに切って短くキープ」が基本です。

しかし、「爪を切ろうとすると暴れ出す」とお悩みの方もいることでしょう。爪は犬が触られるのを苦手とする体端部。タッチングは主従関係を築く上で大切な行為だと説明しましたが（36ページ参照）、これができていない場合は爪切りを嫌がります。そんな場合は爪を切る前に、タッチングに慣らしていくことが必要です。タッチングに慣れたら1人が犬をホールドスティールし、もう1人が爪を切る。これをクリアしたら一人で切ってみる、というように段階的に慣らしていきましょう。

犬のケア★その2
らくちんバスタイム術

犬をお風呂に入れようとしたら引っかかれてしまい、腕にミミズ腫れができてしまった…なんてことはありませんか？

子犬の時期から慣らしておけば、お風呂嫌いになることはありません。しかし成犬でも慣らしていく方法があるのであきらめないでください。

まずお風呂を極度に嫌う犬には、始めのうちはシャワーは避けましょう。たらいにぬるめの湯を張り、そこに犬を入れます。足→腹部→背中というように少しずつお湯をかけていきましょう。

それでも嫌がるときは、2人1組になってバスタイムを克服します。犬に首輪をつけ、まず1人がその首輪を持って犬の体を固定。その間にもう1人が洗うようにしましょう。

犬の頭からシャワーをかける人がいますが、これは素人の場合は避けたほうが無難です。それは、耳の中に水が入った場合、外耳炎になってしま

「頭からシャワー」は、外耳炎の危険も。家庭でお風呂に入れる場合は「首から下」を基本に

う確率が高いからです。プロは耳の中まで洗い、最後にはきちんと乾かしているのですが、家庭でお風呂に入れる場合は首から下を洗うようにしましょう。

顔の部分は濡れタオルで拭いてあげます。これだけでも汚れはずいぶん落ちます。もしどうしても顔を洗いたいという方は、耳の中に脱脂綿を詰めて水が入らないようにケアしましょう。

シャンプーは犬用のものを使い、シャンプーの泡が残らないようにすすぎはしっかりと行ってください。

無事にバスタイムを乗り切ったといって、気を抜いてはいけません。毛を乾かす作業が待っています。タオルで水気をふき取った後、ドライヤーを使って地肌部分まできっちりと乾かしてください。根元の部分が乾いていないと、湿疹《しっしん》ができてしまうこともあります。

これから犬を飼おうと思っている方は、家庭でシャンプーしてあげることを見越して、子犬の社会化期のうちにお風呂とドライヤー馴致をさせておくとよいでしょう。

また、短毛より長毛犬のほうが汚れます。しかし汚れるたびにお風呂に入れることはありません。軽い汚れなら、濡れタオルでふくだけでもきれいになります。汚れ具合を見ながら、適度な頻度でお風呂に入れてあげましょう。

長毛犬の場合は毛がからまりやすいので、ブラッシングもしっかりと行う必要があります。シー・ズーやプードルは顔の部分の毛も絡まりやすいので、注意が必要です。ポメラニアンは毛の根本に綿毛がひそんでいるので、内側からしっかりブラッシングしてあげましょう。

魔法の法則
第8章

接し方ひとつで愛犬との信頼関係がアップ！よりよい関係をつくる休日の過ごし方

「休日だから愛犬とべったり」「休日だから愛犬中心の生活」の怖さ

ある家庭の話。その家ではシェルティーを飼っていました。犬と飼い主は正しい主従関係を築けていて、問題行動を起こすこともなかったそうです。しかし不幸なことに、その家のお父さんがリストラされてしまったのです。お父さんは今までより家にいる時間が長くなり、暇な時間は犬と遊ぶようになりました。そんな状態が2、3カ月続いた後、お父さんはめでたく再就職。以前と同じよう生活が戻ると思いきや…。そのシェルティーがさまざまな問題行動を起こすようになったと、飼い主が私のところに相談にやって来たのです。

この犬は、まさしく分離不安の状態にありました。原因はリストラ中だったお父さんの対応。せっかくいい主従関係が築けていたのに、「家にいて暇だから」との理由で、犬との接触を多く持ってしまったのです。

私がまずアドバイスしたのは、会社から家に帰ったときも犬を無視すること。さらには、「ほかの家に預けるように」とも言いました。それは、密接になりすぎてしまった飼い主と犬との関係を、適切な状態へと直すための手段でした。

この事例から私が伝えたいのは、「休日だからといって過度に犬と接触するのはやめましょう」ということです。独りぼっちのさびしい平日、飼い主とたくさん遊べる休日。このギャップが大きければ大きいほど、犬は分離不安になってしまいます。

土曜日と日曜日、火曜日と木曜日といったように、定期的に休みが取れる方は特に注意が必要です。犬は1日だけでなく1週間のサイクルも記憶します。「休日は必ず散歩」と決めていると、犬は飼い主の休日を期待するようになります。何かの用事で散歩に連れて行けないとなると、催促する犬の態度にきっと困ることでしょう。

休日の過ごし方はその日によってさまざまでOK。「休みだから散歩に連れて行かなくては！」と決めるのではなく、平日も休日も「飼い主の生活に犬を合わせる」といった考え方がいいのです。その方がひとり暮らし、共働き家庭の飼い主にとってもラクだと思いませんか？

愛犬もイライラが溜まってる⁉ 効果大！ 癒しのアロマテラピー術

フラワーエッセンスを使ってムダ吠えをやめさせる方法は、以前にも解説しました（148ページ参照）。ここではさらに詳しく、アロマテラピーについて紹介していきたいと思います。

人間の場合、お休み前や気分が高揚しているときなど、さまざまなシーンに応じてアロマオイル（エッセンシャルオイル）を使い分けます。これは犬も同様です。犬の健康・精神状態などに合わせて、場合に応じた香りを選んであげると高い効果を得られることでしょう。

まずはラベンダー。私は、犬が初産を迎えるときによく使っています。不安な精神状態を解消させるときに有効です。ミントも犬が落ち着かないときに効くエッセンス

人間同様、犬にも効果がある
アロマテラピーでリラックスタイムを…

ですが、集中力を高めるときにも使います。

次にユーカリ。犬でも人と同じように咳《せき》をするときがあります。こんな場合に焚くのがユーカリのアロマオイルです。ユーカリには咳止め効果があります。

そして白檀《びゃくだん》。これはリラックス効果が強いので、寝る時間に合わせて焚いてあげると熟睡できます。

オレンジやレモンといった柑橘《かんきつ》系のオイルにも、気持ちを穏やかにする効能があります。

私が犬用にアロマオイルを使い始めたのは、今から3年ほど前のことです。私は5頭の小型犬を飼っていますが、人の出入りが多い場所にいるため、ソワソワと落ち着かない様子を見せることがありました。そんなときに有効だったのがアロマオイルでした。よい香りによって犬はリラックスでき、人の動きにも過敏に反応しなくなったのです。

アロマオイル使用時の注意としては、濃度に注意することです。人間の場合も専用オイルなどでエッセンシャルオイルを薄めて使いますが、犬の場合も薄めて使います。ただ、犬は人間より嗅覚が優れているため、それ以上に香りを弱めて使用する必要があります。人間の使用濃度を1とすると、犬に用いる場合は0.2程度まで薄めてから使用してください。

アロマオイルごとの効果は、先ほど代表的なものを説明しました。それ以外のものについては、基本的に人間への効能と同じと考えてください。ただ、犬によって香りの好き嫌いもありますから、愛犬の様子を見ながら「お気に入りの香り」を見つける必要はあります。

さらにアロマテラピーの応用編。タッチング行為の重要性は、何度かこの本の中で触れてきました。ここではそのタッチング時にアロマオイルを使う方法をご紹介したいと思います。

まず手のひらに薄めたアロマオイルを塗り、背中→肩→脚→腹部へとマッサージしていきます。その犬にとってのお気に入りの香りを使いながら行えば、犬はリラックスしながらタッチングを受け入れることでしょう。アロマオイルを併用したタッチングによって、一層、飼い主と犬との関係を強めてくれるはずです。

アロマオイルは、犬に癒しを与えるだけでなく、飼い主との絆を強める際にも役立ちます。ぜひ時間のある休日に活用してみてください。

とにかく忙しい飼い主に朗報！効率よく犬馴致できるとっておきの場所

仕事で忙しい飼い主の場合、「散歩をするにも深夜になってしまい、なかなかほかの犬との交流がはかれない」と悩んでいる方もいることでしょう。そんな方のために、確実にほかの犬と接触することができる場所をお教えします。それはドッグホテルやペットショップ。散歩中に犬馴致ができなくても、ホテルに預けてみたり、ペットショップでシャンプーやカットをお願いしてみたりすることで、自然にほかの犬と接触できます。見るだけでも馴致の効果はあるので、ぜひ試してみてください。

忙しい現代人が犬を飼うとなれば、悩みも多様化していきます。しかし最近はペット産業も発展しているので、それを有効利用すればいいのです。「ペットショップやドッグホテルで犬馴致」は、まさに忙しい方向けの現代的な方法といえるでしょう。

普段使いのバッグが犬用キャリーに!? 馴致にも有効な子犬と気軽に外出するラクチン術

生後1カ月～3カ月にかけての社会化期は、家の中だけではなく、外の世界の刺激を与えてあげなければならない大切な時期です。馴致させなければいけないものは犬、猫、車、家族以外の人間、電車…と挙げていけばキリがないほど。順応性の高いこの時期なら、すんなりとそれらの存在を受け入れることでしょう。

できれば一緒に歩いて散歩したり、長距離になるなら抱っこをして外出したいものです。しかし、外出中ずっと抱っこをしているというわけにもいかないでしょう。ここでは、子犬と一緒に外出するラクチンな方法を紹介します。

まず、子犬が入るくらいの大きさのショルダーバッグを用意します。口の部分をファスナーなどで閉じられるものがおすすめです。そして、これに子犬を入れて外出するわけです。特にペット用のものを購入する必要はありません。人間が普段使っているもので十分です。

ただ、ちょっとした工夫が必要となります。中敷が入ってないバッグの場合は、そのまま犬を入れたのでは足元が不安定です。そこで、子犬の体が安定するようにバッグの底にはダンボールなどを敷いておきましょう。たったこれだけで外出用バッグのできあがりです。あとはこの中に子犬を入れ、顔を外に出してあげてファスナーをある程度閉じ、バッグを肩にかけて外出するだけ。

このバッグを使えば、簡単に周囲の景色を見せることができます。もし暴れて外に出ようとしたら、そっとバッグの中へ戻します。これを何度か繰り返せば、おとなしくなるでしょう。家の中でもときどきはこのバッグに入れて過ごさせることで、自宅で使うハウス以外に、「このバッグもハウスなんだ」と思うようになります。そうすれば、子犬のときの外出も苦にはなりません。

時間のある日はこのようにして、できる限り子犬に外の世界を見せてあげましょう。社会化期のうちにさまざまな馴致を済ませておけば、あとから「ほかの犬を見て吠える」などのトラブルに悩むこともなくなります。

憧れのカフェデビューを可能にするいすを使った魔法のテクニック

最近は、ペット同伴可能なカフェが増えてきました。犬にお水をサービスしてくれたり、犬用のメニューを用意していたりと、犬にとっても飼い主にとっても至れり尽くせりな環境はうれしいものです。

「オシャレなカフェで、犬を連れてゆったりとコーヒーを楽しむ」。犬を飼っている方にとっては憧れの光景でしょう。そんな半面、「おとなしくしているか心配…」とカフェデビューを躊躇《ちゅうちょ》するケースも多いよう。しかし、いすひとつでこの問題をクリアできてしまう、とっておきの方法があるのです。

カフェに犬を連れて行った際は周囲の迷惑にならないためにも、飼い主が食事をしている間は犬はテーブルの下でじっと待っていてほしいもの。実はそのための訓練が

「食事中、犬が立ち上がったらキャスター付きのいすを滑らせる」。これでカフェデビューもOK！

自宅で行えます。

飼い主は普段通りに食事をします。食事中、犬にはリードをつけ、いすやテーブルの脚などにくくりつけてオスワリかフセの体勢をとらせておきます。そしてこれがポイント。キャスター付きのいすを犬の隣にスタンバイしておくのです。

もし犬が立ち上がろうとしたら、このいすを犬のほうに向かって滑らせます。また、いすでなくても、キャスター付きなら何でもOK。ものを滑らせることにより、犬は「何が起こったんだ⁉」と驚きます。しかしこの反応に飼い主は付き合ってはいけません。犬を無視して、食事を続けましょう。その後も、犬が立ち上がろうとしたらいすを滑らせる。この行為を繰り返すことで、犬は「立ち上がろうとすると、いすがこっちに来てイヤだな」と思い、飼い主の望む行動をとってくれるようになるのです。

大型犬の場合は、立ち上がってそのままテーブルに前足をかけるということも考えられます。もし足が食器にでも触れてしまったら…。皿はひっくり返りあたりはグチャグチャに。家の中でも大変なのに、外出先でそんなことになったら、それこそ厄介なことになってしまいます。

ここで活用したいのが飛びつき防止の「足払いの術」です。犬が後ろ足で踏ん張り、前足をテーブルにかけたその瞬間、犬の後ろ足をサッと足払いします。これも何度か繰り返すと、犬は「テーブルに足をかけたら悪いことが起きる」と考えます。しかしこのときも、足払いを飼い主がしていると感づかれてはいけません。もし飼い主が犯人だと気づくと、犬は飼い主を敵対する存在だと思うからです。あくまでも足払いは天罰だと思わせるように。

自宅でおとなしく飼い主の食事を待てるようになったら、いよいよカフェデビュー。場所が変わっても基本さえしっかりとできていれば、心配することはありません。

確かに心が痛くなるけれど…。老犬だからといって、甘やかしすぎるのも禁物！

犬の平均寿命は小型犬の場合、13歳～15歳程度。大型犬は10歳～12歳になります。どうして大型犬のほうが短命なのか。それは、大型犬は屋外で飼っている家庭が多いからです。外で飼うと室内犬よりさまざまなストレスにさらされることとなり、寿命がより短くなります。

老犬というのは7歳以降を指します。このころからは成犬用よりローカロリーの老犬用のドッグフードを与えるようにしましょう。身体の症状としては、目が悪くなったり、耳が遠くなったり、人間と同様の老化現象がこのころから出始めます。さらには排泄までの時間も以前より短くなります。留守番させる際は、サポーターやペットシッターへその旨を伝えることが大切です。

ただし、老犬だからといって甘やかしすぎるのもよくありません。私の家で飼っているアサリはチワワで生後4カ月のオスですが、以前低血糖で入院したことがありました。しかし退院後、それまでしなかった甘がみをするようになったのです。入院中は動物病院のスタッフが手厚い看護をしてくれます。それによってわがままになってしまったのでしょう。

　アサリはまだ子犬ですが、老犬の場合も同じことが言えます。身体の調子が悪いからとちやほやすると、犬の権勢本能が発達していくのです。

　ただし暑さ寒さ対策は、87ページを参照に今まで以上に気を使うようにしてください。老犬

老犬だからといって甘やかすのは、
飼い主との主従関係を崩す恐れが…
わしをもっと
かまって
くれんかのー

も子犬同様に冬場はペットヒーターを使うといいでしょう。

以前、老犬を飼っている方からこんなことを質問されました。「犬に痴呆《ちほう》症はあるのですか?」と。

私は犬には痴呆症がないと考えています。どうしてそのようなことを聞くのかと相談者に質問したところ、その家庭では15歳になるオスのシェルティーを飼っていたそうです。トイレのしつけもきちんとしてあるのに、ある日突然、飼い主の隣でおしっこをジャーッ! それで飼い主は「今までできていたことが突然できなくなるなんて、痴呆症じゃないのかしら」と心配したそうです。

よく聞くと、「体が衰えてきてかわいそうだから、最近は頻繁に相手をしていたかも…」とのことでした。その犬は飼い主の気を引こうとして、そうに至ったと考えていいでしょう。このように、飼い主が甘えさせすぎたために起こるさまざまな問題行動は決して少なくありません。

老犬だからと言って特別に接する必要はありません。環境は整えてあげなければなりませんが、今まで通りの接し方で問題はないのです。

魔法の法則
第9章

忙しい飼い主こそ、犬の行動や様子から健康状態、ストレス状態をキャッチしよう

犬からのSOS！「尻尾を追ってクルクル」行動はストレスMAXのシグナル

犬が自分の尻尾を追って、クルクルとまわり続けるという光景。これは犬のSOSのサインだと知っていましたか？

この行動は「尾がみ行動」と呼ばれるもので、その原因はストレスにあると考えられています。分離不安や不快な音などのストレスを、尾をかむという行動で解消しようとしているのです。黙ってクルクルと回転する犬もいれば、ヒステリックにキャンキャンと吠えながら回っている犬もいます。飼い主によってはその行動を滑稽に感じ、「また尾っぽを追ってるよ!!」なんて笑いながら見ている人もいます。しかしこれは厳禁。もっと尾がみ行動をしろと言っているようなものなのです。

このように、同じ行動を繰り返すことを「常同行動《じょうどう》」といいます。ほかには第5

章で触れましたが、自分の足をペロペロと繰り返し舐めるといった行為も常同行動に分類されます。

常同行動の原因の多くは、分離不安にあります。それは別れの挨拶や再会の挨拶をなくすことで、症状は改善されていくことでしょう。また、多頭飼いをしていたり、乳幼児がいたりする家庭の犬もこの行動をしがちです。飼い主の愛情が偏っていたりすると、犬もさびしい思いをするからです。

先に犬を1頭飼っていて、後からさらに子犬をもう1頭飼いだした場合。家族の注目は、自然と子犬のほうに注がれることでしょう。そうすると先住犬は、飼い主が後から来た犬ばかりを構うのでストレスを感じ、常同行動に走ることがあるのです。赤ちゃんがいる家庭も同様。家族が赤ちゃんにかかりっきりになって自分が相手をしてもらえないことに不満を覚えると、問題行動をとるわけです。

常同行動は、叱ってはいけません。叱ればその行動を応援していることになります。また、ストレスが原因なのに、叱ることでまた犬を追い詰めることになるからです。何にストレスを感じているのかを探るとともに、タッチング（36ページ参照）を行ってストレスを解消してあげましょう。

耳をかく犬は飼い主を見下している!? ちょっと厄介なケースを解決

犬が後ろ足で頻繁に耳をかくようなら、まず最初は病気を疑いましょう。なんらかの耳の病気にかかかり、不快感からかいている可能性があります。しかし病院で診察しても特に何の異常もないのに、状況が変わらない場合は、少々厄介なことになっているかもしれません。

飼い主が何かの命令をしても、犬は聞こえないような顔をして耳をかくといったシーンを見かけたことがあります。これは「転位行動」と呼ばれるもの。飼い主の命令を、耳をかくといった行動をとることで聞き流そうとしているのです。「犬がそんなことをするの!?」と驚く方もいることでしょう。しかし正しい関係が築けていなければ、起こり得るのです。

病気でもないのに耳を頻繁にかくのは、主従関係が逆転している証拠ということも

よく考えてみてください。下位のものは上位の命令を無視しません。犬が命令を聞き流すということは、犬が飼い主より優位に立っているという証拠なのです。飼い主の言うことを犬が無視し、「そんなの知らないよ」ととぼけているなんて、情けない話だと思いませんか？

ほかに飼い主と目を合わせないような犬も、主従関係が逆転していると考えられます。まずはリーダーウォーク（30ページ参照）などを行い、飼い主上位の関係を作り上げていきましょう。

眠いからあくび!? リラックスしているからあくび!? 愛犬のあくびを見逃すな!

人間は寝不足の状態になるとあくびをします。犬も大きな口をあけてあくびをすることはありますが、寝不足が理由ではないのです。寝起きだけでなく、起きているときに何度もあくびをするのは少々注意が必要です。

犬は緊張を強いられるとあくびをすることがあります。例えば来客があり、知らない人に抱っこをされたとき。家族以外の人との接触になれていない場合、犬は緊張してストレスを感じます。そしてそのストレスを少しでも軽くしようと、あくびや自分の足を舐めるグルーミングなどをするのです。あくびや同じ場所を繰り返し舐める行動は、緊張やストレスを解消させる転位行動のケースであることも。たかがあくびと思わずに、状況によっては犬からのSOSということも忘れずに。

実は深刻な理由が隠れている可能性も
エサの食べ残しチェックが大切なワケ

エサを食べ残すという行為には、4つの原因が考えられます。まず1つ目は病気。何かしらの病気にかかり、食欲が減退しているのかもしれません。疑わしい場合は動物病院で診察してもらい、獣医師の指示を仰ぐ必要があります。

2つ目の原因は、単純に満腹だから。成長期が終わると、食事の回数は1日1回で十分です。エサの量や回数を調整して、適切な量を与えるようにしてください。またおやつの与え過ぎにも注意が必要です。おやつをあげたならば、その分エサの量を減らすようにしましょう。

3つ目に考えられるのが、ストレス。飼い主が犬を甘やかし、必要以上に構ってしまうと、犬の権勢本能が発達してボス意識が強くなります。しかし、ここからが重要です。

犬はいくら「自分はボスだ」と思ったとしても、エサは飼い主から与えられないと食べることができません。また、飼い主に散歩へ連れて行ってもらわなければ、外出ができないどころか、ハウスのカギを開けてもらえなければ、その外にも出られません。ボスなのに何ひとつ自分の思い通りにいかないのです。そんなジレンマがフラストレーション（欲求不満）となり、食欲減退へとつながるケースがあるのです。問題行動があれば、その場しのぎの対応をするのではなく、「なぜ」を考えることが大切です。問題の根本を探らなければ、解決はしないのですから。

最後に、「嗜好性《しこう》のアップ」が食べ残しの理由として考えられます。以前にも、食べ残しをしたことはありませんでしたか？　そしてその際に「どうしたのかな？　このドッグフードは口に合わないのかな？」と考えて、ドッグフードに鶏肉や牛肉などの肉類を混ぜてみるなど、「エサのグレードアップ」をしませんでしたか？　実はこれ、飼い主が試してしまいがちな対応ですが、最もやってはいけない行動のひとつなのです。

初めはドライフードに鶏肉を少しだけ混ぜていました。そうすると犬は食欲が戻っ

エッヘン!
エサの食べ残しは、「グレードアップ」をたくらむボス意識の現れの可能性も!

たかのように喜んで食べました。しかしまたエサを食べ残すように…。そこで飼い主は「お肉の量はもっと多い方がいいらしい」と鶏肉の量を増やしました。犬はまたおいしそうに食べるようになり、飼い主もひと安心…。しかしこの後どうなっていくのでしょうか。犬はどんどんグルメになっていき、鶏肉だけ食べてドライフードを残したり、鶏肉を多くしないとエサを食べなくなったりします。そしてそのうち、ドライフードをまったく食べなくなることでしょう。

それは、犬が「エサを残せばどんどんおいしいものが出てくる」と考えているからです。食べ残しにエサのグレードアップで対応していては、犬の思惑通りになってしまいます。しかしすでにグルメなワガママ犬になっていても、手遅れではありません。改善の策はあります。

犬のエサは、基本的にドライフードだけで十分です。エサをドライフード100%にして、食べ残したらすぐに片付けてしまう。こんな簡単な方法で、犬のワガママが直ってしまうのです。

嗜好性が高くなってしまった犬は、味が物足りないので、ドライフードだけのエサには口をつけないかもしれません。しかしそれでもそのエサだけを出し、食べ残したらすぐに下げます。

「食べないままじゃかわいそうだし心配……」と思ってもここは我慢。そもそも犬は2、3日食事を取らなくても、特に健康上は問題ありません。そのうち犬も根負けして、ドライフードを食べるようになることでしょう。

ドッグフードは栄養を考えて作られた犬にとっての完全食品です。昔は成長期の子犬にカルシウムなどの栄養素をプラスしていましたが、今はクオリティーの高いドッグフードが多く流通しているので、サプリメントは不要になりました。幼犬用、成犬用、老犬用といったように、年齢に応じてさまざまなタイプのドッグフードが売られており、栄養バランスも取れた内容となっています。余計なものを加えないほうが、かえって犬の健康ためになるのです。

犬のエサはドッグフードのみ。だからこそ私は、ドッグフードにはある程度お金をかけるべきだと思います。安いものを選ぶのではなく、標準レベル以上のものを与えたいものです。犬にとってはドッグフードが唯一の食糧になるわけですから、粗悪なものを与えないようにしましょう。良質なドッグフードを選んであげることも、飼い主の義務なのです。

散歩中に「ハーハー…」疲れた様子を見せる犬は体力不足!?

散歩をしていると、それほど歩いていないのに息が荒くなり、疲れた様子を見せる犬がいます。果たして犬は本当に疲労を感じているのでしょうか。

体に異常をきたしている場合もありますが、ひとつ考えられるのは、犬が「甘えさせて」のサインを出しているケース。犬の息づかいが「ハーハー」と荒くなってきたら、飼い主は疲れていると思ってついつい抱っこをしてしまうのではないでしょうか。これが抱き癖をつけてしまうのです。

犬は頭のいい動物です。「前もハーハーをしたら抱っこをしてくれたな。ラクチンだったから今日もハーハーと言って抱っこしてもらおう」なんてくらいのことは考えます。抱っこをしてもらいたいがために疲れた様子を見せるのであれば、必ず歩かせることです。足にまとわりついてきても無視してください。犬の要求に応えていれば、犬は飼い主より上位に立とうとします。犬の甘えには応じないことが重要です。

スリッパで遊ぶ犬には危険な精神が芽生え始めている

スリッパをおもちゃにする犬は少なくないと思います。放っておくとすぐにボロボロにしてしまい、使い物にならない古いスリッパは犬のおもちゃに。しかたなく新しいスリッパを買うと、今度は新しいスリッパをかんでしまった！　なんていう話をよく耳にします。

犬におもちゃを与えるのは、決して悪いことではありません。しかし犬に与えるおもちゃは犬専用のものを。飼い主が一緒に遊ぶときは、それ専用のものを用意する必要があります（114ページ参照）。そして飼い主の持ち物は、決して犬のおもちゃにしてはいけないのです。

スリッパは犬のおもちゃではなく飼い主のもの。飼い主と犬との間で正しい主従関係が築けていれば、自分より上位である飼い主の持ち物にちょっかいを出すはずがありません。しかし、スリッパをおもちゃにする犬は実際にいます。これは一体どういうことなのでしょうか。

こういった犬は、本来飼い主所有であるはずのスリッパを自分の所有物と考えています。つまり、犬の中でボス的な意識、権勢本能が発達しつつある状態で、飼い主より自分のほうが上の立場だと思い始めているのです。

犬は、「ボロボロになった古いスリッパがボクのおもちゃ。飼い主が買ってきた新しいスリッパはボクのものじゃないんだよね」などと都合よくは考えてくれません。スリッパ自体を自分の所有物と思っているので、新品であってもお構いなしにかんでしまうのです。

スリッパに限らず飼い主の衣類や雑誌など、人間が使うものをおもちゃとして与えないようにしましょう。犬が飼い主の持ち物にいたずらをしてしまったとき、「ずいぶん古くなってきていたし、まあ、いいか」と飼い主の都合で判断してはいけません。
そういった犬の問題行動の裏側では、主従関係の逆転といった危険な事態が起きつつあるということを認識してください。

スリッパ＝飼い主の所有物。それに手を出す犬は権勢本能の現れ!?

PART 9

藤井先生の

『とっておきの魔法』教えます！

症状から読み取る犬のさまざまな病気

犬は言葉を話すことができません。おなかが痛くても、それを飼い主に伝えることができないのです。だからこそ飼い主は、犬の身体の様子を見て健康か否かを判断する必要があるのです。ここでは犬のさまざまな症状から、どんな病気が考えられるかを紹介していきます。

まず、日常的に観察することができる健康のバロメーターが便や尿、食欲です。便は下痢の状態でなければＯＫです。もし下痢が何日も続くようであれば、体力も減退していくので早めに動物病院に連れて行きましょう。また、何日も便秘が続く場合も獣医師に診てもらった方がいいでしょう。過去に数日便秘が続き、様子がおかしいので動物病院に連れて行ったら肛門に骨が詰まっていたという例があるからです。

血尿が出た場合はすぐに動物病院へ行ってください。尿道結石などが原因として考えられます。

あとは食欲。エサを食べ残すのはエサの量の問題や嗜好性が高くなっていることなども考えられますが、それ以外の場合は身体に異常をきたしている可能性もあります。この場合も診察してもらいましょう。

次は目ヤニ。犬は健康なときでも目ヤニが出ます。目ヤニは放置しておくと目の周りの毛が抜け落ちたり、ひどいときは皮膚が赤くはれあがったりする原因にもなります。毎朝ティッシュペーパーなどでやさしくふき取ってあげましょう。しかし、大量に目ヤニが出る場合は目の病気かもしれません。もしくは熱があるときも目ヤニが出るので、目ヤニの量が多いときは動物病院での診察をおすすめします。

それから、犬の熱の話も知っておきたい情報です。犬は人間より平熱が高く、38・5度程度です。いわゆる熱がある状態とは、犬の場合は40度以上を指します。体温を測るときは、肛門に体温計を差し込んで測ります。人間用の体温計を使ってもいいのですが、犬はじっとしていないでしょうから体温測定は獣医師に任せた方が無難です。

さらに、犬は熱があると食欲減退、便がゆるくなる、嘔吐《おうと》、鼻が乾くといった症状も出てくるので、熱があるかどうかの判断材料としてください。もし自宅で体温を測る場合も、水銀製のものは絶対に避けてください。暴れてガラスが割れでもしたら、犬は大怪我を負ってしまいます。

また嘔吐の症状は、熱以外にも内臓系の異常、もしくは異物が引っかかっているときに出てきます。

大型犬は健康上の問題がなくても、よだれを垂らすことがよくありますが、小型犬の場合、よだれの量も健康のバロメーターとなります。小型犬でよだれの量が多い場合は、体調が悪いということも考えられるので注意が必要です。

動物病院に行く際は、できる限りクレートなどのハウスに入れて犬を連れて行きましょう。動物病院には病気の犬や怪我をした犬が来ています。ほかの犬の迷惑にならないように、不必要な接触は避けるべきです。

また気を付けたいのが犬が入院したとき。入院中は動物病院のスタッフが看護をするため、いつも以上に人と接触する機会が増えます。ですからわがままになって帰ってくるケースが多くみられます。病み上がりで心配にはなりますが、退院後は犬を必要以上に構わないように心がけましょう。

「犬の健康診断って必要なの?」という質問をときどき受けます。私は基本的には不要だと思います。飼い主が犬の健康管理をしていればよいのですから。ただ「予防」が必要なのがノミやダニ。犬のノミやダニは、散歩中に付着してくるケースが大半です。また、外と家との行き来が自由な猫を一緒に飼っている家庭は、猫からうつってくる場合もあります。

ノミやダニが付着すると犬は皮膚をかきむしり、出血する場合もありますから、そうならないためにも、薬を使っての予防をおすすめします。動物病院でノミ、ダニ防止の薬を扱っています。液体の薬を首の辺りにたらしておくだけのお手軽さなので、ぜひ活用してみてください。

肥満か否かがすぐにわかる方法と肥満犬への適切な対処法

私のところに、2歳半のプードルを飼っている方が相談にやって来ました。相談内容は、「ある日を境にエサを食べなくなりました。このままじゃやせ細ってしまうのではないかと心配でたまりません」というものでした。私はそのプードルを見てすぐさま、「やせていないですよ、標準です」と答えました。どうして私は体重を測らずとも、やせていないと判断できたのでしょうか。

それは犬を上から見て、肩から腰にかけてくびれているかどうかを見たからです。長毛種は触ってみないと判断が難しいのですが、それ以外の犬種はくびれずにずんどう状態なら太り気味。くびれがあれば標準です。「肋骨が出るほどやせていて…」と言う飼い主もいますが、犬は肋骨がうっすらと浮いている状態が理想。長毛の場合は手で触ってみて、肋骨の感触があればＯＫです。

前述のプードルの場合、まったく心配するような身体状態ではありませんでした。体重もいたって標準。むしろ問題があったのは精神状態の方でした。嗜好性が高まり、ワガママになっているからエサを残したのです。

それではずんどうで肋骨も出ていない状態の犬は、どうやってダイエットすればよいのでしょうか。「運動させればいいんじゃない？」という意見が出てきそうですが、それは間違い。犬の肥満は運動ではなく、食事制限で対応します。まずは1割程度エサの量を減らしてみましょう。

ごっつあんです
エサを
1割減らす
くびれました

犬のダイエットは「運動」ではなく、「食事制限」で対応を！

それでもなかなかやせないようなら、さらに1割減らすといった具合で様子を見ていきます。

犬の肥満の原因を運動不足だと考える飼い主は多くいますが、その関連付けは正しくないようです。そもそも一般家庭で飼っている犬には、長時間にわたってのランニングといった過度の運動は必要がありません。「大型犬だからたくさん運動させる。小型犬だから少なくていい」という常識も間違っています。

犬の運動は家の中や外を歩くといった自由運動で十分。たくさん運動させると、必要以上に体力がつきます。いったんそうなってしまうと、体を動かさないことで体力があり余り、ストレスを発生させてしまうのです。

また、肥満犬を無理矢理走らせるたらどうなるでしょう。おなかが出て太っているお父さんが全速力で走ると息はゼーゼーと上がっていまい、顔は真っ赤。心臓発作でも起こしてしまうのじゃないかと心配になります。これは犬の場合も同じです。

犬の肥満には食事療法で対応。これが正しい方法です。

あとがきにかえて

藤井流しつけ法を実践
みるみるうちにうちの子がいい子に
しつけビフォー＆アフター

飼い主の「こんなはずではなかった…」という言葉。私のしつけ方法はそんな言葉にこたえてきたワザです

犬を飼う方の中には、子どものころに犬を飼った経験がある方を始め、飼った経験が一度もない方、これから多頭飼いを考えている方など、さまざまなバックグラウンドがあります。また、マンション暮らしや一戸建て、ひとり暮らしや共働き家庭など、生活スタイルも同様にさまざまです。

ただ、飼い主の生活背景がどんなかたちをしていようと、犬が問題行動を起こしたときに抱く気持ちは一緒。かわいい愛犬との楽しい生活をふくらませていただけに、ムダ吠え、かみ癖、そそう、破壊行動などの犬の問題行動は相当なショック体験です。つまり「こんなはずではなかった…」とだれもが落胆することでしょう。

1章～9章まで私は、ひとり暮らしでも、共働き家庭でも愛犬と楽しく過ごせる、

そしていい関係を築くことができるアイディアをたくさん紹介してきました。犬の習性を考慮し、すべて実践の中ではぐくまれた選りすぐりのワザです。本書をお読みになった方の中には、「この方法を試してみよう」とすでに愛犬のしつけに意欲的になっている方も多いと思います。

しかし、しつけの効用をまだ疑っている方もいるのではないでしょうか。確かに、私のしつけ法はほかのしつけ本には紹介していない画期的なものもあります。大胆なワザもあるので、テレビや雑誌などでよく「藤井流しつけ法」といわれますが、それが理由なのでしょう。そこで、私のしつけ法を指導のもとに訓練、実践し、愛犬との満ち足りた生活をすでに手に入れた2つの家庭の話を紹介します。どちらの家庭も訓練期間は2～3カ月で集中的に行い、犬と一緒に飼い主も訓練に励みました。ふたつのケースともひとり暮らし、共働き家庭に「ありがち」な例なので、きっと参考になることでしょう。

私のしつけ法は画期的で、犬に短期間で効果があることがおわかりになると思います。犬といい関係を築ければ、飼い主も幸せですし、愛犬も幸せです。本書を参考に、どうぞ愛犬との幸せな生活の第一歩を踏み出してください。

CASE1

加藤家の場合

家族構成◆夫、妻（有里さん）、子ども1人
愛犬◆チーズ（ミニチュア・ダックスフンド　メス）
住環境◆一戸建て、共働き

チーズがわが家に来たのは生後約1カ月でも、お迎えする時期が早すぎて…

チーズがわが家にやって来たのは、生後1カ月のころでした。ダックスがほしくてほしくて、大きなペットショップに何度も足を運んで探したのですが、結局、予算の問題があってネットで購入。また、早くわが家にお迎えしたい気持ちもあったので、「生後1カ月ぐらいでお渡しできます」というホームページの文章にひかれたのも購入に踏みきった理由でした。

しかし、今考えてみると本当に勉強不足でした。チーズをお迎えする時期が少し早すぎたと感じています。

犬には「犬社会」を勉強する社会化期という時期が生後2～3カ月ごろに必要ですが、チーズの場合、親きょうだいのもとにいたのはせいぜい1カ月。犬同士のルールをまったく学ばないまま、わが家に来てしまったことになるのです。だから、臆病で「吠えが激しい」という問題が出たのだと思います。

また、社会化期を親きょうだいのもとで十分に過ごせなかったデメリットは、犬同士の挨拶が学べなかったという問題にも出たと思います。

今も多少はその傾向がありますが、藤井流しつけ法を実践する前はもっとひどい状態でした。散歩に行ってほかの犬と交流しようとしても、チーズは真正面から相手の犬を捉えてしまうのです。それは、犬にとっては「戦いを挑む」状態。チーズは仲良くしたいと思っても、態勢が「攻撃するぞ！」なのですから、うまくいくはずがありません。相手の犬もチーズも「ワンワン！」と大騒ぎになって、結局、仲のいい犬友だちを作れなかったのです。

ムダ吠えが納まらないので、しつけ教室に参加でも、ショックを受けて帰ってきただけ…

ムダ吠えが激しくて悩んでいたころ、近くで大きなお祭りがあり、そのイベントのひとつとして犬のしつけ教室が催されることを知りました。講師が有名なしつけの先生ということもあり、早速参加を申し込みました。

チーズを連れて、子どもと意気揚々《いきようよう》と出かけたわけですが、そこはイベント会場。たくさんの犬がいて、チーズは相変わらずすごい勢いで吠えたのです。それを見て先生が「よく吠えるワンちゃんは、一番端に座ってくださいね」とおっしゃったのです。とにかくその言葉がショックで…。チーズは家族と同じですから、「家族が傷つけられた」なんて思いました。そして、その日は子どもと一緒に悔しい思いで家路へ。

そんな衝撃もあって、しつけを今まで以上に真剣に、正面から取り組もうと思ったのです。そして出合ったのが藤井流のしつけ法でした。

犬が悪いことをしても「怒らない」にビックリ しつけをするなら楽しく、という魔法の言葉

まず一番驚いたしつけの第一歩が「怒らない」ということ。それまで本などを読んで勉強していたしつけ法は、犬が悪いことをしたら口を押さえたり、鼻のあたりをたたいたりして矯正していく方法でした。つまり、吠えたから怒って、怒ったから吠えてという悪循環を繰り返していたのです。しかし藤井流は、「飼っていたら犬は一生訓練が必要。だから、まずはしつけをするなら楽しくやろう」、「怒らずに」が基本。当初は怒らずにしつけができるのかと思いましたが、これができてしまったのです。しかも、怒らないことは飼い主にも犬にもストレスを与えないので、気持ちが楽だったと言えます。チーズがこちらの思うよ

うに行動できたらおおいにほめて、ごほうびのおやつを与える方法を行ったのです。

とはいっても、たまにはガツンと罰を与えなくてはならないときも。しかし、普段叱らない分、たまの大目玉は効果大。アメとムチは抜群のききめがありました。

また、しつけ法で効果があったのは、家族が家にいるときも、外出中もハウスを利用するということ。もともと、家族が外出しているときだけハウスに入れていたのですが、それだけではチーズは落ち着けなかったようです。例えば、外出中に家の前の道路を犬が通っている気配がするとすごい勢いで吠えたり、ハウスの中のマットをかみちぎったりしていました。ところが、家族が在宅しているときもハウスに入れてあげると、ムダ吠えが少なくなり、落ち着き度が格段に増したのです。インターホンがピンポンと鳴っても以前より大騒ぎすることも、ハウスのマットをかみちぎることもなくなったのが驚きでした。

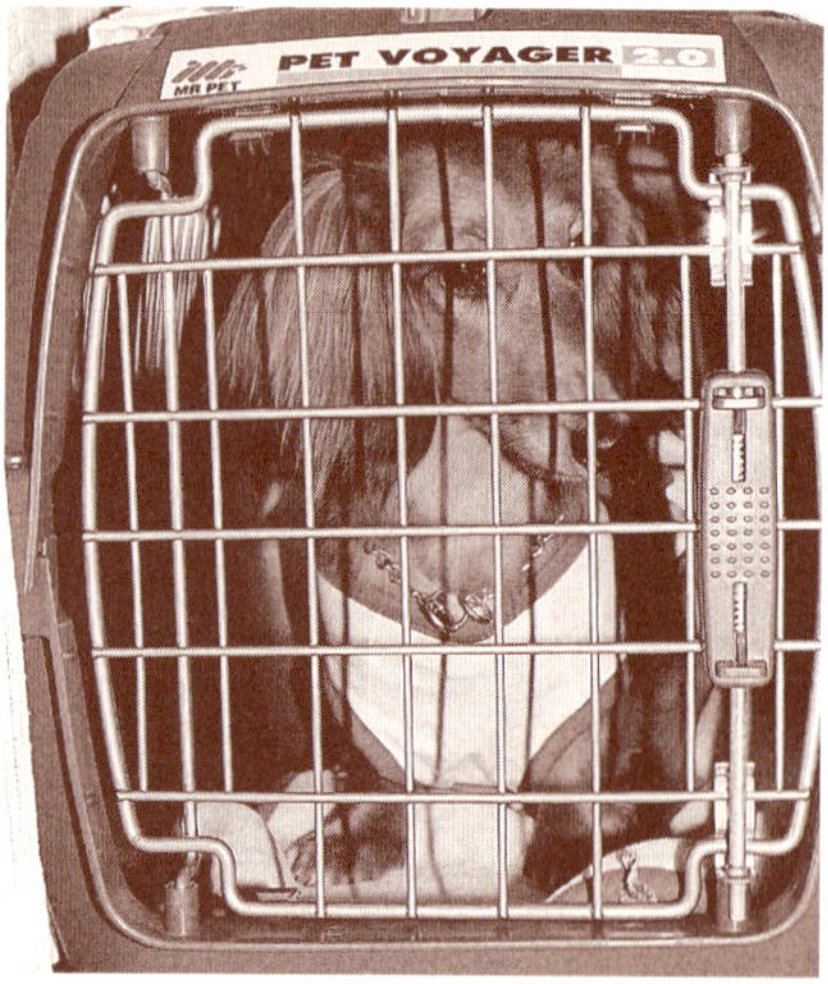

　これまでチーズは、わが家の中でも上位の地位にあったようです。しかし、臆病なチーズにはこれはかわいそうな役割。元来、性格が引っ込み思案なのに、意に反して無理に「飼い主（下位の者）を守らなくては！」と思っていたのですから。家を訪れる人も、近くを通るさまざまな人、動物、車も、みんなわが家（テリトリー）を襲うだろう敵だったのです。ムダ吠えは、チーズの身を守ってくれる安心できる場所がなかったことと、飼い主との信頼関係が不安定だったことから起こったことでした。だからこそハウスは効果的なしつけ法だったのです。チーズはそこに入ることによって、「飼い主に守られている」という安心を得たといえます。そして、守る側から一転して守られる側になった途端、とても静かになりました。チーズは自分の落ち着ける居場所をようやく見つけたようです。

　藤井流のしつけを実践して、家族全員の「飼い主」としての意識も変わったと思います。安心し、ほかの犬とも仲良くできるようになったチーズの様子を見ると、「飼い主はボスで、愛犬を守る立場でなくてはならない」と思いました。またそれが愛犬とのいい関係にもつながっていくので、これからもチーズが気持ちよく、そして家族がチーズと楽しく暮らしていけるように意識していきたいと思っています。

CASE2

岩澤家の場合

家族構成◆夫、妻（容子さん）、子ども3人
愛犬◆ぷー茶（トイプードル　オス）
住環境◆マンション、共働き

わが子同様にかわいいプードル しかし、「かわいい」がもたらしたのは 愛犬の分離不安だけだった…

しつけ教室に行く理由はムダ吠えがひどかったり、かみ癖があったりでそれぞれですが、わが家の場合は私の「甘やかし」が原因でした。藤井流でいうと、飼い主が犬に甘えた結果ということになります。もう、ぷー茶がかわいくてかわいくてしかたがなくて…。藤井流しつけ法を実践する前、約2年間にわたって私が家にいる間はべったりの生活をしていました。旅行もペットが宿泊できる施設をわざわざ選んで、一緒に連れて行ったくらいです。

それがもたらした問題は「分離不安」です。ぷー茶は私の姿が見えなくなると、すごい勢いで吠えました。例えば家族全員で公園に散歩に行ったときのこと。私がトイレに行こうと家族の輪を離れると、すかさず「ワンワン！」と鳴いて、幼い子どものように後追いするのです。飼い始めた当初は甘えてくれるのがうれしかったのですが、徐々に分離不安症が強まってきて、最終的には家の中でも私の姿が見えなくなっただけで大騒ぎを始めるように。さすがにその様子を家族全員で不安に思うようになって、しつけに踏み切ったのです。また、ぷー茶は甘えてくる半面、いざというときに私の言うことを聞かないことが多々あったので、ぷー茶のリーダーになりきれていない自分を律するためにもしつけに乗り出しました。

藤井流しつけ法でまず始めに行ったのは「無視」。これまで愛情を与えすぎていたので、愛情の遮断《しゃだん》からスタートしました。触らない・見ない・話しかけない。これが原則でした。わが家は共働きなので、ぷー茶が独りで過ごす時間も多いのです。それなのに独りでいることがストレスになる分離不安症だったので、精神的に負担だったことでしょう。今考えると、本当につらい思いをさせていたと反省しています。愛情を遮断するためには、ハウスを利用しました。家族が在宅している間もハウスを基本にして、時間を決めて部屋に出してあげるということをしたのです。

愛情の遮断をするのと同時に行ったのは、新しい信頼関係を築くこと。飼い主がボスということを意識させるためにリーダーウォークを行いました。それまでのぷー茶は飼い主を引っ張って歩く犬だったのです。しかし、飼い主を引っ張って歩くのは元気な証拠ではなく、権勢本能の現れ。飼い主よりもぷー茶が上位なわけですから、それもストレスだったことでしょう。トレーニングは無言で歩き、ぷー茶が飼い主より前に躍り出ようとしたら、向きを変えて逆方向へ歩くということをしました。それを何度も繰り返していると、ぷー茶は前に出ると首に不快なことが起こるとわかってきたようでした。

しつけを実践して変わったことは、今では飼い主の前を歩かないということ。勝手な行動がなくなり、私の横をちゃんと歩いてくれるようになりました。仮に家族のだれかが突然前に走り出しても、追いかけもしないのです。リードを握っている私を見て、「大丈夫だよね？」と確認してくるようになりました。その目は私を信頼している目で、「ママが守ってくれる」という安心している目でもありました。

無視しているから ほめられたときの喜びは倍

ぷー茶を無視することは本当につらいことでした。それまで話しかけたり、抱っこしたりしてかわいがってきたのでなおさらといえます。ただ、必要以上の接触を止めると、トレーニングでぷー茶がこちらの思う通りに動いてくれたとき、心からほめてあげられることに気が付きました。ぷー茶の方もそれを感じたのか、ほめられたときの喜びようは今までにない感じ。これが新しい関係、つまり新しい絆が芽生えてきたと感じた瞬間でした。

しつけを行った期間は約2カ月最後の仕上げとして、長期間離れてみることに

2カ月間、集中的にトレーニングしたのですが、仕上げにぷー茶と長期間離れてみることにしたのです。これは先生からのアドバイスではなく、自分から希望したことでした。しかも、ぷー茶のためというよりは、飼い主である私のためといった方がいいでしょう。ぷー茶を預けている間は、どんな様子で過ごしているのか気になりましたが、わざと離れてみることで今までのような激しい愛情ではなく、じんわりと温かな気持ちをぷー茶に抱いていることを確認できました。

藤井流のしつけ法は「無視」に始まったので、とにかく驚きました。実は大胆なしつけ法に訓練当初は慣れず、意志がくじけて止めてしまおうと思ったことも何度もあったのですが、しつけが終わった今は精神的にもラクになったように思います。また、ぷー茶がストレスを感じず落ち着いた生活を送れるようになったことが、一番うれしい結果でした。

著者紹介　藤井　聡（ふじいさとし）

日本訓練士養成学校教頭。オールドックセンター全犬種訓練学校責任者。ジャパンケンネルクラブ公認訓練範士。日本警察犬協会公認一等訓練士。日本シェパード犬登録協会公認準師範。

訓練学校で訓練士の養成を行うかたわら、国内外で行われるさまざまな訓練競技会に出場。98年度はWUSV（ドイツシェパード犬世界連盟）主催訓練世界選手権大会日本代表チームのキャプテンを務め、団体では3位、個人では8位に入賞する。

オペラント訓練技法を用いての指導や問題行動をする犬の矯正に取り組み、その功績が認められて総理府や各都道府県、動物愛護団体、各獣医師会の依頼により「犬のしつけ教室」の講師としても活躍している。テレビ出演や雑誌監修も数多くこなす。主な著書に『しつけの仕方で犬はどんどん賢くなる』（青春出版社）などがある。

■STAFF
装　幀　　田中　宏枝
本文デザイン　山口香弥乃
イラスト　ワダフミエ
構成　　土方　幸子
企画編集　梶原知恵（K-Writer's club）

カリスマ訓練士・藤井聡のひとり暮らし&共働き家庭の犬が
みるみるうちに留守番上手になる魔法の法則

平成17年10月25日　初版発行

著　者◆藤井　聡
発行者◆廣瀬和吉
発行所◆辰巳出版株式会社
〒160-0022 東京都新宿区新宿2丁目15番14号
辰巳ビル
TEL：03-5360-8064（販売部）
TEL：03-5360-8079（広告部）
TEL：03-3352-8944（編集部）
URL：http://www.tg-net.co.jp/
印刷所◆大日本印刷株式会社

Printed in Japan
ISBN4-7778-0201-9 C0077